U0131495

雞尾酒事典

●監修 澤井慶明
●指導 永田奈奈惠
●譯者 周孟如
●監修 李勝裕

驊優出版

CONTENTS

雞尾酒是如何誕生的？ 6

30種特選雞尾酒 8

馬丁尼 10
螺絲鑽 12
新加坡司令 14
琴費斯 16
長島冰茶 18
曼哈頓 20
老式威士忌 22
薄荷冰酒 24
加掛機車 26
譏諷者 28
亞歷山大 30
馬頸 32
螺絲起子 34
鹼狗 36
血腥瑪麗 38
自由古巴 40
鳳梨園 42
黛克瑞雞尾酒 44
瑪格麗特 46
龍舌蘭日出 48
綠色蚱蜢 50
斯普莫尼 52
禁果 54
彩虹酒 56
曼波 58
基爾 60
貝里尼 62
含羞草 64
黑絲絨 66
紅眼 68

解讀雞尾酒 小說中的雞尾酒 —— 70

關於雞尾酒的知識 —— 72

雞尾酒的種類 72　依時、地、場合分類 75

長飲型雞尾酒的分類 72　雞尾酒專用酒杯 76

雞尾酒的基酒 —— 78

威士忌 (Whisky) 78　龍舌蘭酒 (Tequila) 85

琴酒 (Gin) 81　洋芋蒸餾酒 (Aquavit) 85

白蘭地 (Brandy) 82　葡萄酒 (Wine) 86

伏特加 (Vodka) 83　啤酒 (Beer) 87

蘭姆酒 (Rum) 84　香甜酒 (Liqueur) 88

探訪雞尾酒的世界 電影中的雞尾酒 —— 96

103種標準雞尾酒 —— 98

●以琴酒為基酒 —— 99

阿拉斯加　亞歷山大之妹　藍色珊瑚礁

環遊世界　布朗克斯　地震　紅寶石

法式75釐米砲　吉普森　琴苦艾　琴巴克　琴利奇

琴湯尼　擊倒　百萬美元　雷格尼

橙花　天堂樂園　巴黎戀人　粉紅琴酒

紅粉佳人　皇家富豪俱樂部　湯姆可林斯

美白佳人　橫濱

◆歡迎有關廠商提供新商品資訊和廣告頁之參與。

洽詢專線：(06)2024467・2099029
傳真電話：(06)2024891
或直接聯絡　吳小姐　090807896

●以威士忌為基酒 112
教父　愛爾蘭咖啡　約翰可林斯
紐約銹釘　威士忌沙瓦
威士忌托迪
●以白蘭地為基酒 116
美國佳麗　B & B　床第之間
白蘭地蛋酒　法蘭西集團
哈佛冰酒　傑克玫瑰　尼古拉斯加　奧林匹克
●以伏特加為基酒 122
俄羅斯吉他　芭芭拉　黑色俄羅斯　公牛　奇奇
灰狗　撞牆哈威　神風特攻隊
火之吻　莫斯科騾子　俄羅斯
白色俄羅斯　雪國
●以蘭姆酒為基酒 130
巴卡迪　藍色夏威夷　波士頓冰酒　綠眼
熱奶油蘭姆　熱牛奶蘭姆　邁泰
邁阿密　莫吉托　內華達　農工賓治
後甲板　天蠍座　上海　X.Y.Z.
●以龍舌蘭酒為基酒 138
鬥牛士　模仿鳥　野莓龍舌蘭　龍舌蘭日落
●以洋芋蒸餾酒為基酒 141
紅海盜　哥本哈根
●以香甜酒為基酒 142
苦酒滿杯　天使之吻
杏果冰酒　金巴利柳橙　金巴利蘇打
櫻花　金色凱迪拉克　冰鎮薄荷
雪球　瓦倫西亞

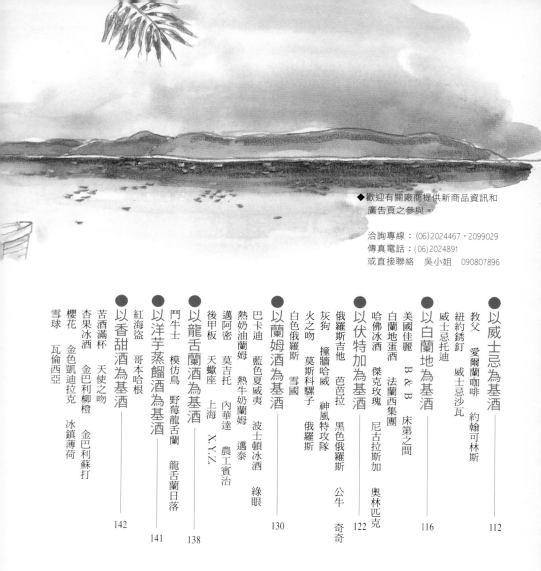

●以葡萄酒為基酒 148

安東尼斯　美國人　香檳雞尾酒　紅酒賓治
多寶力雞尾酒　皇家基爾　帝國基爾
克倫代克高球　雪莉蛋酒　斯柏利特
苦艾黑醋栗　冰凍葡萄酒

●以啤酒為基酒 156

狗鼻　香堤

●無酒精之雞尾酒 158

灰姑娘　佛羅里達　貓步　雪莉坦布爾

雞尾酒世界之旅 121

禁酒法與雞尾酒 129

音樂與雞尾酒　聆聽雞尾酒的聲音 147

雞尾酒的歷史 155

現代世界名酒吧 157

調製雞尾酒所需之知識 160

雞尾酒的調法 160
雞尾酒調製實戰篇 160
雞尾酒的道具 164
雞尾酒的副材料 166
副材料的使用技巧 169

索引（依英文字母順序） 171

索引（依材料料別） 175

雞尾酒是如何誕生的？

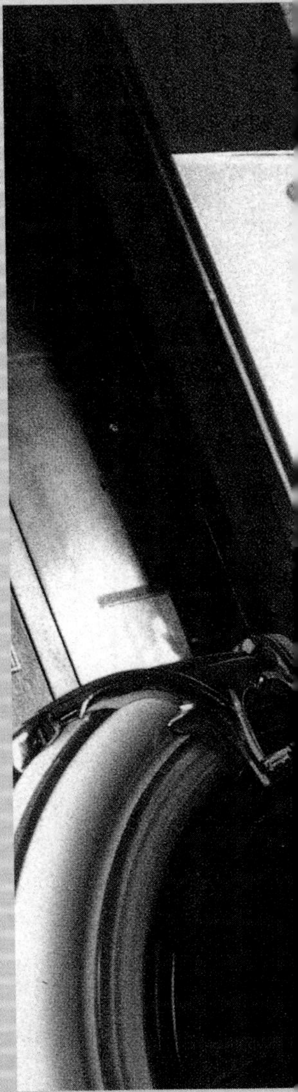

料理界有句名言：「只要將鹽撒在蕃茄上，就是一道沙拉了」。

那麼，也可以說：「將不同的酒混合，就是雞尾酒了」。雞尾酒就是帶著自己心愛的酒，登上山頂，以清澈的山泉沖淡，與山上清新的空氣一起，一口飲盡。雞尾酒就是在大都會喧囂繁華的夜裡，兩人舉著調酒師賦與新生命的酒杯，在彼此的凝視中，輕輕淺酌。

能夠享受暫時的微醺、遠離塵囂，正是雞尾酒的可愛之處。然而，雞尾酒誕生於何時？有那些種類？是誰發明的呢？遇到這些問題時，恐怕您也只能聳聳肩，喝下手中的雞尾酒了！

COCKTAIL意指公雞的尾巴。一則說是18世紀美國某飯店老闆所飼養的鬥雞失蹤了，於是老闆下令，只要是找到雞的人，就將美麗的女兒嫁給他。就在慶祝的酒會中，將各種酒類混合，倍覺好喝，故稱之為雞尾酒。

另一說則是，一群海軍來到墨西哥的一家酒吧，見一男孩以小樹枝攪拌混合的酒，遂問其名。男孩誤以為是問樹枝的名稱，便答道是一種稱為COCKTAIL的樹名，因而得名。又有一說則是，古代墨西哥有一個國家的公主名為COKITAIL，她為替追趕敵人的年輕士兵調製混合的酒，因而成為士兵的妻子。而最具真實性的應該是，一位來自美國新奧爾良的法裔藥商，在酒精中混入蛋來販賣而深獲好評，並在法裔的美國人間流傳開來，稱為COCKTURE，後演變成COCKTAIL。

其他各式各樣的趣聞、穿鑿附會之說多如牛毛，一直是品嚐雞尾酒之餘的社交話題，不管是真？是假？還是好好地享受美味的雞尾酒吧！

只要是您所喜歡的故事，就是真實的；只要是您最愛喝的，就是最好喝的雞尾酒。

30

如百寶箱中的珠寶，耀眼奪目
都是最受歡迎的高級品

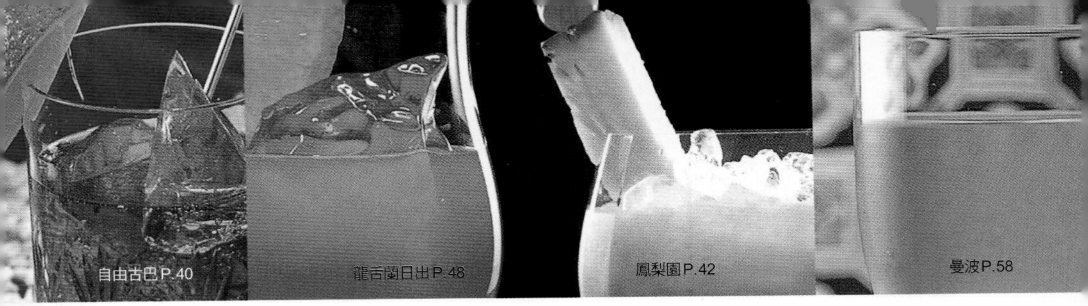

自由古巴P.40 龍舌蘭日出P.48 鳳梨園P.42 曼波P.58

特選雞尾酒

薄荷冰酒P.24 亞歷山大P.30 黑絲絨P.66 綠色蚱蜢P.50

紅眼P.68 馬丁尼P.10 含羞草P.64

螺絲起子P.34 貝里尼P.62 馬頸P.32 琴費斯P.16

Martini
馬丁尼

馬丁尼，可說是
雞尾酒的王中之王
無論是街邊的小酒吧
或是高級飯店中的酒吧
有著屹立不搖的地位
所以有人說
「雞尾酒始於馬丁尼，終於馬丁尼」
它單純的味道因人而異
可調出各式各樣的口味來
在1979年出版於美國的
「The Perfect Martini Book」
一書中即介紹了268種的
馬丁尼雞尾酒

口感 ● 不甜
TPO ● 餐前酒
製法 ● 攪拌

■材料

辛口琴酒(Dry gin) 45ml
辛口苦艾酒(Dry vermouth) 15ml
檸檬皮

1. 將檸檬皮以外的材料攪勻。
2. 倒入雞尾酒杯內。
3. 將檸檬皮榨汁淋入，可依喜好以橄欖裝飾。

■重點

其他的作法無法一一介紹，但只要能掌握住自己的口味，就可以說是馬丁尼雞尾酒了。

♥ 關於酒名

馬丁尼酒名的由來，聽說是義大利苦艾酒酒商馬爾丁尼・羅西將自己公司所製造的產品，特別稱為「馬爾丁尼雞尾酒」，而開始有馬丁尼之名。又聽說馬丁尼是發源於美國舊金山的酒吧裡。因為第一位喝到的客人正要由舊金山前往加州的馬爾丁尼斯，故而得名。

◆ 變化

依苦艾酒所佔的份量，而可分為辛辣、特別辛辣、普通、甜。而作法有攪拌法(stir)與雪克法(shake)。也可將基酒換成其他酒精濃度較高的酒，如伏特加、或日本清酒等。

♣ 小插曲

海明威小說中的蒙哥馬利將軍，若與敵軍對戰時沒有以15:1的優勢，決不輕言出兵攻擊，所以有15:1比例的辛辣馬丁尼之稱。英國首相邱吉爾睥睨一旁的苦艾酒，而飲下琴酒的故事也一直為人津津樂道。美國影星克拉克・蓋博喝馬丁尼時，只將苦艾酒的瓶蓋劃過杯緣，再倒入琴酒。

邱吉爾的馬丁尼

據說邱吉爾是以喜愛喝辛辣口味的馬丁尼而聞名，卻睥睨一旁的苦艾酒，他曾命令管家用苦艾酒漱口，且要在倒入琴酒時，輕喊著：「苦艾酒」。聽說如果太大聲，就會使馬丁尼太甜了。

邱吉爾

STORIES
WILLA CATHER
Clift

Gimlet
螺絲鑽

「黃中略帶綠意
更顯得神秘
淺酌入口
讓那柔柔的甜與強烈的觸感
融合為一體」
(「久別」早川推理小說文庫)
將琴酒與萊姆汁混合搖動
單純之中卻意外地
引發出與眾不同的風味
聽說你只要點一杯螺絲鑽
便能測出酒保的功力
真希望能像菲利蒲・馬羅一樣
冷靜而瀟灑地一飲而盡

電影「The Long Good-bye」中，由愛略特・哥爾德飾演菲利蒲・馬羅。華納家庭電影提供。

口感 ● 微甜
TPO ● 全天
製法 ● 雪克

■材料

辛口琴酒(Dry gin) 45ml
萊姆汁(Lime juice) 15ml

1. 將材料放入雪克杯中雪克。
2. 倒入雞尾酒杯。

■重點

一般都是利用萊姆濃縮汁來提高甜度，但近來大多數的人們流行用新鮮萊姆榨汁。如果感覺萊姆的刺激過強，可加一匙的砂糖以調整甜度。近來喜好辛辣者已不多見，而將糖粉抹於杯口呈白雪狀。反之，愛喝辛辣口味者，則可加苦艾酒。

♥ 關於酒名

螺絲鑽是木工的道具之一，狀如螺旋開瓶器。大概是喝下這種酒後，有如錐喉般刺激，故而得名吧！據考察這是由英屬南洋殖民地的英國人首先調出來的，所以，利用新鮮萊姆調製大概也是從那時候開始的吧！

◆ 變化

不雪克直接倒入老式酒杯的稱為琴萊姆，另將基酒改換成伏特加，調成伏特加螺絲鑽，廣受歡迎。而黛克瑞雞尾酒或白卡帝等也是以蘭姆酒為基酒，添加甜味與萊姆汁的雞尾酒。

♣ 小插曲

萊蒙特・強朵拉的作品「久別」中，由於私家偵探菲利蒲・馬羅的推理，而使犯人形跡敗露。其中犯人有句台詞：「喝螺絲鑽，還太早呢！」螺絲鑽因而一舉成名。在「久別」一書中，另外還寫著「真正的螺絲鑽，是由琴酒與玫瑰色萊姆汁各半所調出的，而不加任何其他材料。」於本書中，螺絲鑽到處可見。

Singapore Sling

新加坡司令

在萊佛士飯店的窗前
眺望世界最美的
新加坡夕陽
在您手中另一個
美麗的夕陽——新加坡司令
也伴著您一起渡過
慢慢流逝的光陰

萊佛士飯店

口感 ● 微甜
TPO ● 全天
製法 ● 雪克

材料

辛口琴酒(Dry gin) 45ml
櫻桃香甜酒(Cherry brandy) 20ml
檸檬汁 20ml
蘇打水(Soda) .... 適量
柳橙、檸檬、萊姆等切片

1. 將蘇打水以外的材料搖勻，倒入無腳酒杯中。
2. 加滿冰塊及冰涼的蘇打水。輕輕攪拌。
3. 以柳橙、檸檬、萊姆切片裝飾。

重點

據說萊佛士(Raffles)飯店一直是以10種以上的水果切片來裝飾新加坡司令的。若是將檸檬汁換成柳橙汁，也十分好喝。

♥ 關於酒名

Sling是雞尾酒的一種，意為「喝下」，源於德語Schlingen。是英國小說家薩馬薛多・摩門最為讚賞的「東方神秘之紗」新加坡萊佛士飯店，於1915年首次調製成功。最初以The Sling或Gin Sling為名，其原始配方為琴酒、砂糖、水及一塊冰塊。

◆ 變化

為使紅色更顯美麗，可先不加入櫻桃香甜酒，而於最後才倒入，使之沉於杯底。此時，分量可減少為15ml，並加入一匙的砂糖。

♣ 小插曲

萊佛士飯店(Raffles Hotel)建於1886年。其名源於為今日新加坡奠下基礎的賽托馬斯・史丹佛德・萊佛士。作家薩馬薛多・摩門對於本飯店情有獨鐘，1920年起，曾在此度過四年的時光。

萊佛士飯店的配方為何？

萊佛士飯店的配方是將Beefeater Gin、櫻桃酒、君度橙皮酒、鳳梨汁、紅石榴糖漿、安哥斯吉拉苦酒、班尼狄克汀酒等一起搖勻，再以水果裝飾，可看出本飯店對上等材料的堅持。

30
高級雞尾酒

Gin Fizz
琴費斯

加有冰塊的雞尾酒
是古典中的古典
以蘇打水來潤喉
更是飲用雞尾酒時不可或缺的
與其當它是酒不如當作是
假日清晨醒腦的飲料
在清新的早晨喝上一杯
精神活力倍增

口感 ● 微甜
TPO ● 全天
製法 ● 雪克

■材料

辛口琴酒(Dry gin) 45ml
檸檬汁 20ml
砂糖 2茶匙
蘇打水(Soda) .... 適量

1.將材料(蘇打水除外)混合搖勻。
2.倒入無腳酒杯。
3.加滿冰塊及蘇打水。
4.輕輕攪拌，並以檸檬片裝飾。

■重點

國際調酒師協會(IBA)所公認的配方是雪克後倒進沒放冰塊的無腳酒杯，再加滿蘇打水。在日本，有以檸檬片裝飾的習慣，而在國際上通常是不作任何裝飾的。

♥ 關於酒名

"Fizz"是指蘇打水倒入杯中時，所發出“嘶嘶…”的聲音。而Fizz style是指在酒精濃度高的蒸餾酒中加入甜、酸的味道及蘇打水所調成的雞尾酒，以琴費斯為其代表。此酒於1888年由亨利・拉摩斯所創。

◆ 變化

也可利用其他的蒸餾酒來調琴費斯，在日本大多偏好使用香甜酒。如野莓琴酒、可可甜酒、紫羅蘭甜酒、綠茶甜酒等都非常好喝。若以薄荷葉裝飾，就是「阿拉巴馬費斯」。若加一個蛋黃混合雪克，即為「黃金費斯」。加入一個蛋白，則為「銀色費斯」。整個蛋都加入則為「皇家費斯」。如果再加一茶匙牛奶、一個蛋白、柳橙汁2茶匙，則是大家所熟知的「拉摩斯費斯」，可當早、午餐時的飲料。

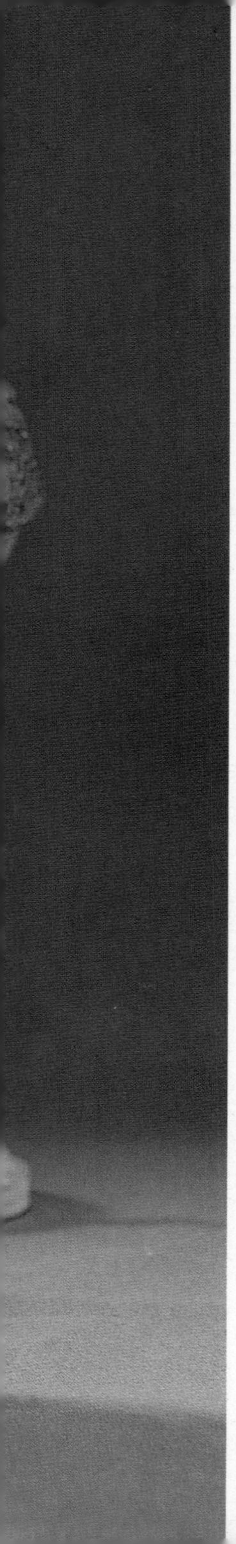

Long Island Iced Tea

長島冰茶

雖然沒加入紅茶
卻有著紅茶的色澤與味道
真是一種不可思議的雞尾酒
是1980年代初期
雞尾酒界的新寵
倍受矚目
名為紐約
卻誕生於美國的西岸

口感 ● 微甜
TPO ● 全天
製法 ● 直調

材料

辛口琴酒(Dry gin) 15ml
伏特加(Vodka) 15ml
蘭姆酒(無色)(Light rum) 15ml
龍舌蘭(Tequila) 15ml
無色橙皮酒(White curacao) ... 2茶匙
檸檬汁 30ml
糖漿 1茶匙
可樂 40ml
檸檬片 1片

1. 將碎冰塊放入高腳杯中。
2. 將材料倒入酒杯中攪拌。
3. 以檸檬片裝飾，並附上吸管。

重點

雖然味道有冰紅茶，但因為加了四種酒精濃度高的蒸餾酒，所以，喝起來順口，但後勁極強，必須注意。

♥ 關於酒名

因有紅茶般的味道與色澤，故而得名。而長島是紐約東部的小島名。

◆ 變化

也許您會問，有紅茶口味的話，想必也有咖啡口味吧？將比例3/4的波特酒、1/4的白蘭地、與橙色橙皮酒、蛋黃、砂糖混合搖勻，如此，不加咖啡，也能調出有咖啡口味的雞尾酒來。此外，也可以利用咖啡調雞尾酒，即等量的白蘭地、無色橙皮酒、咖啡一起搖勻即可。如果覺得使用五種酒和三種配料太麻煩的話，也可以現有的蒸餾酒來調。如伏特加溫和易調，而琴酒較苦，可依自己的喜好來調。

30
高級雞尾酒

Manhattan

曼哈頓

是19世紀以來
為世人所喜愛的
「雞尾酒女王」
是您在世界最大都會—曼哈頓
夜裡的舞曲
與馬丁尼一樣
雖然作法簡單
但，是辛辣還是甜的較好喝？
一直為嗜酒者所爭論不休

口感 ● 稍甜
TPO ● 餐前酒
製法 ● 攪拌

■材料

裸麥威士忌(Rye whisky) 45ml
甜口苦艾酒(Sweet vermouth) . 15ml
苦酒(Angostura bitters) 1撒
紅櫻桃 1顆
檸檬皮

1. 將裸麥威士忌、甜口苦艾酒、苦酒混合攪勻。
2. 倒入雞尾酒杯。
3. 以雞尾酒針插櫻桃裝飾。
4. 噴附檸檬皮油。

■重點

擠入檸檬皮油的情況，在日本才有。而在歐美的雞尾酒書籍中，已見不到標準的曼哈頓調法了。

♥ 關於酒名

此酒由來的傳說有二。一為邱吉爾的母親傑妮所創，她出生於美國紐約的社交名流，為自己所支持的總統候選人而在曼哈頓俱樂部舉行宴會，並調製雞尾酒招待客人。另一則為美西馬利蘭州的一名酒保調來給受傷槍手提神解悶之用。

◆ 變化

若用蘇格蘭威士忌，則變成為「羅布・羅伊」。羅布・羅伊是一位英格蘭義賊的名字。

♣ 小插曲

17世紀初，荷蘭人想收購曼哈頓，因而請印地安酋長喝酒，而在爛醉之餘，訂下了契約。酒醒後的酋長呢喃道：「那時我已經“曼哈頓”了。」而否決契約的效力。荷蘭人不解其意，誤以為酋長是在告知這塊地的名字，故而得名。

Old-Fashioned
老式威士忌

因為加了很多的水果
所以即使是以威士忌為基酒
仍是女性愛喝的傳統雞尾酒
用調棒擠壓水果的樂趣
令人回味無窮
與薄荷冰酒同為
美國賽馬迷的最愛
他們是一手拿調棒
一面預測著明天比賽的結果

口感 ● 稍甜
TPO ● 全天
製法 ● 直調

材料

裸麥或波本威士忌
(Rye or bourbon whisky) 45ml
苦酒(Angostura bitters) 2撒
方糖. 1顆
柳橙切片 1片
檸檬切片 1片
紅櫻桃. 1顆

1. 將方糖放進傳統酒杯中，撒上苦酒，使之滲入。
2. 將冰塊放入酒杯。
3. 倒入威士忌。
4. 以雞尾酒叉子固定柳橙片、檸檬片與櫻桃做為裝飾，並附上調棒。

重點

以調棒擠壓方糖和水果，一面調味道，一面飲用。

♥ 關於酒名

19世紀誕生於肯德基州，深為賽馬迷所喜愛。與利用薄荷葉和糖漿調成的薄荷冰酒十分酷似，之後才演變成現在的配方。

◆ 變化

此酒多以裸麥或波本威士忌為基酒，也可利用白蘭地、琴酒、蘭姆酒來調。為溶解方糖，可加入少許的水或蘇打水。

♣ 小插曲

老式酒杯其杯底較厚，據說是以前船艦上所使用的酒杯，所以必須要堅固耐用。此外，又有一說是因為要以調棒擠壓方糖和水果，為避免破裂，故使用底較厚的杯子。在日本稱之為"岩石酒杯"。

肯德基州與賽馬？

在肯德基州中北部地方有一大片草原，盛行放牧純種馬，為使馬兒骨骼強壯，而令其飲用流經南部岩石地帶的水。此地賽馬風氣頂盛，每年夏季的「肯德基賽馬」已成為美國的觀光勝地之一了。

AGFA

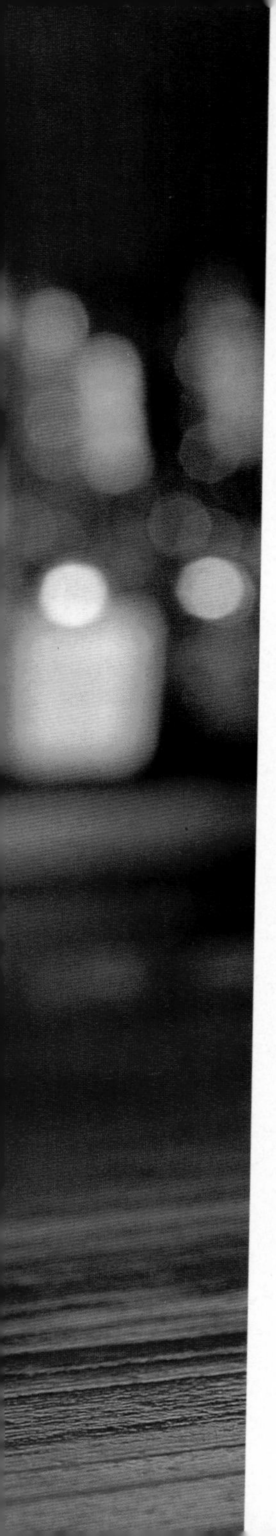

Mint Julep
薄荷冰酒

充份地攪拌碎冰塊
酒杯表面即會結霜
如白雪一般
光是以眼睛看就令人感覺清涼無比
而薄荷的清香更是沁涼入骨
是美國肯德基賽馬會中
不可缺少的飲料
自19世紀以來
為世人所喜愛
是適合夏日的清涼雞尾酒

口感 ● 稍甜
TPO ● 全天
製法 ● 直調

材料

波本威士忌(Bourbon)	50ml
砂糖	2茶匙
水或蘇打水	2茶匙
薄荷葉	適量

1. 將砂糖和4～5片的薄荷葉放入可林斯酒杯中。
2. 與水或蘇打水一起攪拌，一面溶解砂糖，一面搗碎薄荷葉。
3. 將冰塊倒滿酒杯。
4. 倒入波本威士忌，攪拌至酒杯表面結霜為止。
5. 用薄荷葉裝飾，附上吸管。若希望使味道更香醇，則可以雞尾酒叉子插上浸過酒的櫻桃、鳳梨、柳橙、檸檬等水果切片來裝飾。

重點

撒上糖粉裝飾薄荷葉，有如積雪一般，倍感清涼。

♥ 關於酒名

此酒是以薄荷調成的“Julep”型雞尾酒的典型，誕生於美國南部。Julep源於波斯語，意為“玫瑰樹”，原是以玫瑰花所泡的水加入酒精而調成的飲料，故稱為“Julep”。

♦ 變化

以葡萄酒為基酒，除此之外，尚有威士忌等各種蒸餾酒也都可當作基酒。在作法上，先在傳統酒杯中搗碎薄荷葉，再倒入裝有碎冰的可林斯酒杯。

♣ 小插曲

在美國賽馬界的最大盛事“肯德基賽馬會”中，據說都要準備上萬杯的薄荷冰酒，任參賽者盡情享用。

30
高級雞尾酒

Side-Car
加掛機車

「君度橙皮酒」
是無色橙皮酒中的高級品牌
是紳士們夢魅以求的美麗貴婦
使白蘭地風味更顯多姿多彩
她，誕生於
第一次世界大戰戰火中的巴黎
是騎乘跨式摩托車的士兵們的最愛
「美白佳人」「俄羅斯吉他」等
都是以君度橙皮酒為基酒
是最典型的雞尾酒

君度橙皮酒

X.Y.Z

口感 ● 微甜
TPO ● 全天
製法 ● 雪克

■材料

白蘭地(Brandy)	30ml
君度橙皮酒(Cointreau)	15ml
檸檬汁	15ml

1. 將所有材料混合搖勻。
2. 倒入雞尾酒杯內。

■重點

以往的材料皆為等量，但近來漸有減低君度橙皮酒或檸檬汁比例的趨勢，如此可使白蘭地豐富的風味散發出來。若加一片柳橙一起搖勻，則香味倍增。

♥ 關於酒名

加掛機車是第一次世界大戰期間，旁邊附裝有一個坐位的摩托車。其名稱的由來，據說是當時聯軍的士兵經敘騎乘加掛機車來往於巴黎各酒吧之間，將檸檬汁、白蘭地、君度橙皮酒混合起來飲用，故以其交通工具命名。又有一說是，一位由倫敦來到巴黎的調酒師專為騎乘加掛機車的士兵們調酒，故而得名，後由來巴黎觀光的旅客傳至世界各地。也有人說是，被德軍追趕的法軍在逃亡中，為了提神而以現有的材料所調出的；不，應該是追趕法軍的德軍發明的。雖然眾說紛云，莫衷一是，但唯一可以確定的是，加掛機車是德國典型的交通工具。

◆ 變化

加掛機車是最基本的雞尾酒，以蒸餾酒、君度橙皮酒、甘橘類果汁所調成的，演變出來的種類也很多，如以琴酒為基酒的「美白佳人」，以伏特加為基酒的「俄羅斯吉他」，若換成蘭姆酒就是「ｘｙｚ」，改成威士忌就是「威士忌加掛機車」。以龍舌蘭為基酒的「瑪格麗特」，除了以細鹽作出白雪的效果之外，亦是同樣類型的雞尾酒。

Cointreau

橙皮類的香甜酒稱為古拉索(橙皮酒)，其中以無色橙皮酒經被用來調雞尾酒，但品質最好、評價最高的應該是君度橙皮酒。雖然此酒所指定的是君度橙皮酒，但如果買不到，還是可以用其他的無色橙皮酒來代替。法國的君度牌橙皮酒出現於1849年，西印度群島的苦味橙皮和西班牙、北非的甜橙皮能散發出絕妙的香味來。

Stinger
譏諷者

是晚餐後最典型的雞尾酒
Stinger尚有
「愛說諷刺話的人」之意
在高興之餘
用有如薄荷般銳利的話語
刺入對方的胸膛也好
被薄荷緊緊牽引著的白蘭地
其風味真是棒極了

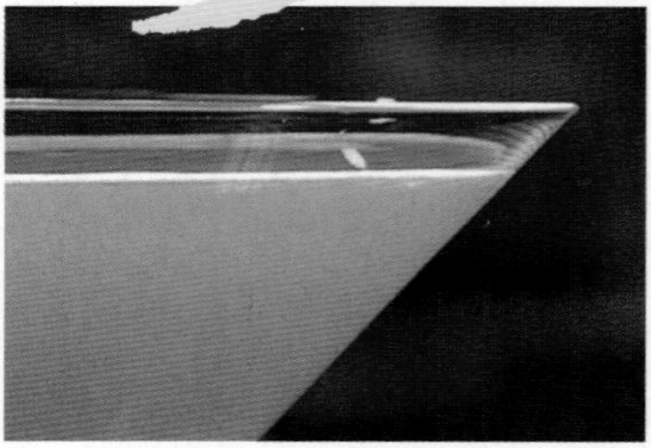

口感 ● 微甜
TPO ● 餐後酒
製法 ● 雪克

材料

白蘭地(Brandy) 40ml
無色薄荷酒
(White creme de menthe) 20ml

1. 將所有材料搖勻。
2. 倒入雞尾酒杯內。

重點

即使搖得太過度，也不會損及味道，因此，也可利用雪克杯來壓抑味道。

♥ 關於酒名

Sting意為"針"，因為薄荷酒會發出如針刺般的透骨清涼，故而得名。為本世紀初紐約一家名為可洛麗餐廳的調酒師所調出的，一時之間聲名大噪，該店也因而聞名。

◆ 變化

另一種作法是在利口杯中倒入1/3的薄荷酒，使白蘭地浮於其上。如果將基酒改為琴酒，則為「白色勳章」(又名白色之路或琴譏諷者)；若改為伏特加，則是「白色譏諷者」(又名伏特加譏諷者)；若將白色薄荷酒換成綠色的，則為「綠色惡魔」。

♣ 小插曲

薄荷酒有助於消化，適合餐後飲用，但在日本卻不受歡迎，因為日本人不喜歡薄荷的味道。若是如此，可酌量增加白蘭地的份量，說不定您會因而上癮哦！

Alexander
亞歷山大

這名字聽來雖然剛強
但實際上是獻給
幸福的王妃殿下的
如此甜美柔順的雞尾酒
最適合戀愛中的女人
但這濃醇的味道
很容易令人在不知不覺中喝過量了
尤其是在快樂的夜晚裡

取材自傑克雷蒙主演的“酒與玫瑰的日子”。
華納家庭電影提供。

口感 ● 微甜
TPO ● 餐後酒
製法 ● 雪克

材料

白蘭地(Brandy) 30ml
棕色可可酒(Creme de cacao) .. 15ml
鮮奶油 15ml

1. 將所有材料搖勻。
2. 倒入雞尾酒杯，撒上荳蔻粉。

重點

因有鮮奶油，故必須充份搖勻。在日本，為了要去除鮮奶油的腥味，而使用荳蔻，在其他國家是很少用的。每種材料都以1/3的比例分配，味道會更香甜。

♥ 關於酒名

這是1863年為慶賀英王愛德華七世與亞歷山朵拉新婚之喜，而特製的雞尾酒。當初是以亞歷山朵拉命名的，之後不知何緣故而改稱為亞歷山大。

♦ 變化

若以伏特加為基酒，則為「芭芭拉」或稱「露西安貝亞」；若以琴酒為基酒，材料比例各為1/3，則為「瑪麗王妃」。

♣ 小插曲

在傑克雷蒙所主演之“酒與玫瑰的日子”影片中，男主角之妻因不適飲酒，喝了此種酒後，導致酒精中毒，所以必須注意，以免過量。

30
高級雞尾酒

Horse's Neck

馬頸

是美國鄉村中賽馬迷們的最愛
白蘭地中加入薑汁汽水
再以剝成旋狀的檸檬皮
作成馬脖子的形狀
以任何蒸餾的烈酒為基酒
其味道十分美妙
也可摻加其他清涼的飲料
令人心情輕鬆愉快

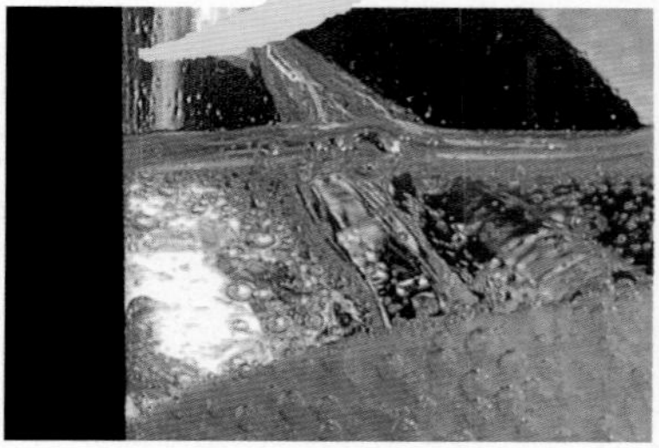

口感 ● 微甜

TPO ● 全天

製法 ● 直調

材料

白蘭地(Brandy) 45ml

薑汁汽水(Gingerale) .... 適量

檸檬皮 1個

1. 將檸檬皮剝成螺旋狀。
2. 把剝好的檸檬皮放入酒杯內，將檸檬皮頂端掛在杯緣上。
3. 放入冰塊。
4. 倒入白蘭地，並加滿已冷卻的薑汁汽水。

重點

削檸檬皮時，注意別讓皮油到處飛濺。

♥ 關於酒名

歐美各國通常於秋收之後，舉行豐收祭典，而馬是祭典中的主角，故以檸檬皮做成馬頸的形狀，調成雞尾酒作為祭典中的飲料。此外，又聽說老羅斯福喜歡在晨光中騎馬散步，一面輕撫馬首，一面享用此酒。

◆ 變化

亦有以威士忌、琴酒、蘭姆酒為基酒，所以點酒時必須注意指名，以免錯誤。也有不以烈酒為基酒，而以薑汁汽水為主體。拿掉檸檬皮的話，則成為普通的「白蘭地薑汁汽水」。也可將薑汁汽水與通寧水調和，則更別有一番不同的風味。

檸檬是馬首

這種與馬兒最有淵源的雞尾酒，因賽馬迷的建議而將檸檬皮剝成螺旋狀，作成馬兒的模樣來。但最難的是，如何在頂端切出數條細細的檸檬皮，如同馬鬃一般地豎起來。請您在品嚐之餘，也想想該如何做才好，也許就讓您想出一個好方法也不一定。

Screwdriver
螺絲起子

由於口感極佳
故又有「女性殺手」之稱
如果汁般十分溫和可口
然而別讓那誘人的別名所惑
其實它是在炎熱的沙漠裡
辛勤工作者的飲料
不論是男是女
都想痛快地一嚐
柳橙汁清爽的口味

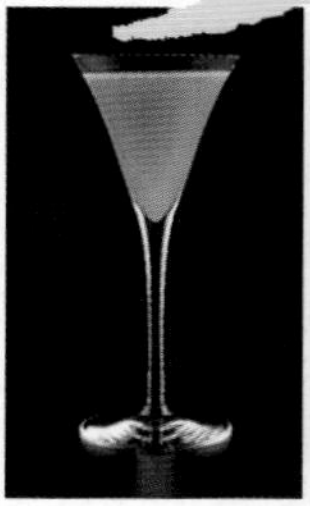
奧林匹克

撞牆哈威

口感 ● 微甜
TPO ● 全天
製法 ● 直調

■材料

伏特加(Vodka) .... 30～45ml
柳橙汁 .... 適量

1. 將冰塊放入無腳酒杯中。
2. 倒入材料。
3. 攪拌均勻，依自己喜好以柳橙切片裝飾。

■重點

由於伏特加無色無味，所以喝起來像是在喝果汁一般，而沒有酒精的味道，即使是加入了大量的伏特加，也會令女性們毫無節制的喝到醉倒，故又稱為「女性殺手」。作法簡單，適合在運動後飲用，可自己調製，只要酌量加入伏特加即可。

♥ 關於酒名

此乃在伊朗油田工作的美國人為抵抗熱浪，而將伏特加混合柳橙汁，直接以工作用的螺絲起子代替調棒而調出的雞尾酒，故而得名。

◆ 變化

如加兩茶匙的Galliano(用大茴香、香草、藥草調製而成)，則成為一種名為「撞牆哈威」的雞尾酒。柳橙汁與各種烈酒的相融性很高，故與各種基酒搭配，如「柳橙花」是指基酒為琴酒的雞尾酒；而「殖民者」則是以蘭姆為基酒；以白蘭地為基酒者，稱為「奧林匹克」；以香檳為基酒的是「含羞草」等。

Salty Dog
鹹狗

喝下去會有點鹹味與酸味
炎夏的最佳飲料
名字意指刷洗甲板而汗流浹背的男人
極富男子氣息
這種葡萄柚加伏特加的組合
清爽無比
當然也適合女性飲用
更適合在這炎炎的夏日中暢飲

無尾狗

口感 ● 稍甜
TPO ● 全天
製法 ● 直調

■材料

伏特加(Vodka) .... 30～45ml
葡萄柚汁 .... 適量
鹽. .... 適量

1. 在老式酒杯的杯口抹鹽，呈白雪狀。
2. 把冰塊放入酒杯中。
3. 將材料倒入酒杯，充份攪拌。

■重點

原是以辛口琴酒為基酒的，後來才改用伏特加。日本是從大量輸入葡萄柚後，才開始流行。

佛羅里達州的葡萄柚園

♥ 關於酒名

Salty Dog是隱喻在船上甲板工作而遭海水潑灑的工人，他們經常受海水沖刷，而使全身都沾滿了晶鹽，故稱之。

◆ 變化

如果沒有在杯口抹鹽，則稱為「無尾狗」(因這種狗習慣用雙腳夾著尾巴走路，看似無尾巴)，又稱「灰狗」或「喇叭狗」。總之，沒有抹鹽就像葡萄柚汁而不像雞尾酒。凡是以蒸餾烈酒、果汁混合而成雞尾酒，與螺絲起子都可說是同一家人。

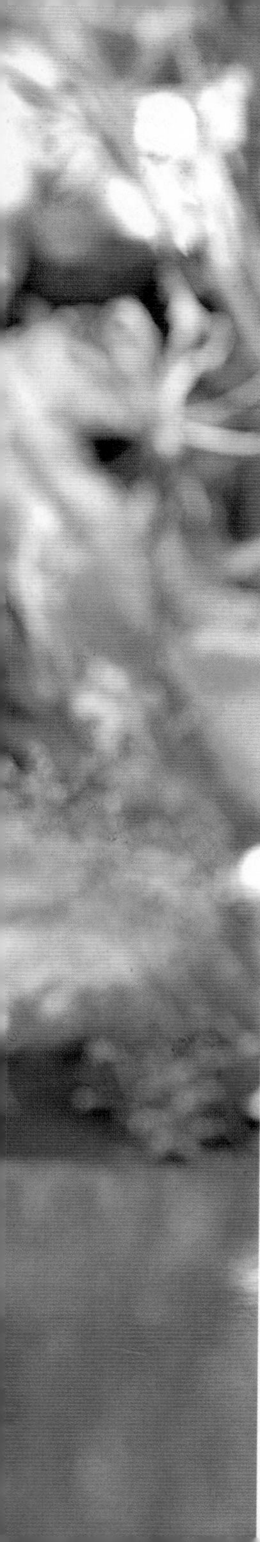

Bloody Mary
血腥瑪莉

如「血」一般的色澤
看似可怕
但實際上是加入了大量的蕃茄汁
為健康的雞尾酒
而且還可加入鹽、胡椒、辣油等
可當做是假日的早餐
像是在品嚐沙拉一樣

口感 ● 稍甜
TPO ● 全天
製法 ● 直調

■材料

伏特加(Vodka) 45ml
蕃茄汁 .... 適量
檸檬汁 1茶匙
檸檬片 1片
或檸檬 1/6個
食鹽、胡椒、芹菜鹽、Tabasco辣椒汁、烏醋等

1. 將冰塊放入無腳酒杯中。
2. 將伏特加、蕃茄汁、檸檬汁倒入杯中攪拌，再以檸檬片裝飾。或者是先將伏特加、蕃茄汁攪勻，再以1/6個檸檬裝飾杯緣，讓飲用者依自己喜好擠入適量的檸檬汁。
3. 附上攪拌匙,並依喜好插上芹菜棒。
4. 另外再附上食鹽、胡椒、芹菜鹽、辣油、烏醋等。

■重點

若想喝清淡一點的,可依喜好而控制調味料。

♥ 關於酒名

瑪麗指的是16世紀中葉英格蘭女王瑪麗一世，她為了復興天主教，因而迫害大多數的清教徒，故有此一名稱。相對於「血腥山姆」，「血腥瑪麗」是屬於女性化的名字，而「血腥山姆」則是指禁酒法令時代，流行於美國的雞尾酒，但隨著伏特加的受歡迎，早已為血腥瑪麗所取代了。

◆ 變化

若將基酒換成龍舌蘭，則成為「麥桿草帽」；改成琴酒，則為「血腥山姆」；若是以啤酒為基酒，則是「紅眼」。若將蕃茄汁改為蕃茄蛤蜊汁，就是「血腥凱撒」。此外，若沒有加入伏特加，則是「處女瑪麗」。

30
高級雞尾酒

Cuba Libre
自由古巴

一世紀前的最新飲料——可樂
曾是自由美國的象徵
當為自由而戰的古巴人
與幫助他們的美國人
在舉杯慶祝之時
他們大聲高喊著「自由古巴」
於是這種清爽無比的雞尾酒
就誕生了

口感 ● 微甜
TPO ● 全天
製法 ● 雪克

■材料

無色蘭姆酒(Light rum) 45ml
萊姆汁(Lime juice) 10ml
可樂 .... 適量

1. 將冰塊放入無腳酒杯中。
2. 把蘭姆酒及萊姆汁倒入杯中。
3. 將冰可樂加滿酒杯後，輕輕攪拌。

■重點

可將1/4個萊姆放於酒杯中擠壓，或是將之裝飾於杯口，由飲用者依自己的喜好擠出適量的萊姆汁，但必須附上攪拌匙。

♥ 關於酒名

Viva Cuba Libre(自由古巴萬歲)是古巴於發起自西班牙獨立運動時的口號，但真正發明「自由古巴」這種雞尾酒的卻是美國人。據說在美西戰爭(1898年)時，一位自哈瓦那登陸的美軍少尉到酒吧點了蘭姆酒，偶然看到對面的同事正在喝可樂，於是他便將可樂混合蘭姆酒，高舉酒杯向他說道：「“自由古巴”必須延續下去。」

◆ 變化

以桃子甜酒代替蘭姆酒，可調出“Cuba Libre Supreme”(崇高的自由古巴)。而以可樂沖淡威士忌的方式，則是昭和40年前後日本最受歡迎的雞尾酒。

美西戰爭

曾是西班牙殖民地的古巴，於19世紀末開始了激烈的獨立戰爭。由於西班牙武力強大，古巴因而陷入苦戰之中。美國在考量經濟的利益下之後，決定支援古巴，宣佈參戰。同時在古巴與菲律賓對西班牙展開攻勢，此即為「美西戰爭」，一八九八年五月開戰至八月結束戰爭，一度慶祝凱旋的古巴，名為脫離了西班牙受美國的保護，實際上則是落入美國的手中。後來由卡司楚領導的革命政府再度起義，致使兩國關係至今仍是水火不容的場面。

Piña Colada
鳳梨園

西班牙語有一股
使人感到熱情澎湃的感覺
為熱帶雞尾酒類的代表
蘭姆酒、椰奶、鳳梨汁
都充滿了南國風味
就大膽地以水果裝飾吧
忘情地乘著風
迎向大海

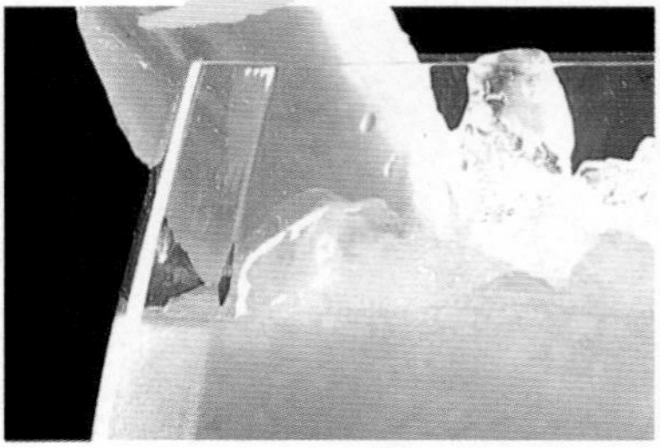

口感 ● 甜口
TPO ● 全天
製法 ● 雪克

■材料

無色蘭姆酒(Light rum)	30ml
鳳梨汁	80ml
椰奶(coconut cream)	30ml
紅櫻桃	1個

1. 將碎冰塊放入大型的酒杯中。
2. 將蘭姆酒、鳳梨汁、椰奶搖勻後，倒入酒杯。
3. 以雞尾酒叉子插鳳梨、紅櫻桃裝飾杯緣，並附上吸管。

■重點

此酒在椰奶容易取得的1980年代大為風行，以往一直有「夢幻雞尾酒」之稱。

♥ 關於酒名

Piña Colada在西班牙語中除有"山頂上生長著茂盛的鳳梨"之意外，尚有「漂白」之意。應是當椰奶加入後，就會變成白色的，或許這才是真正的意思吧！據說是在1970年代，誕生於加勒比海。

◆ 變化

冰涼的Piña Colada是美國人的最愛。若將基酒改為伏特加，則是「奇奇雞尾酒」。而「奇奇」最初是以蘭姆酒為基酒的，但據說後被Piña Colada搶盡風頭，而改以伏特加為基酒。

♣ 小插曲

此酒於1970年代，從邁阿密風行到紐約，尤其是雪綿冰型的Piña Colada，他們大多是放在裝冰淇淋的淺口型杯中站著喝。出版於1979年，魯伯德・賀爾牟茲的作品「逃亡」中，便有一首名為"If You Like Piña Colada"的歌(隔年成為全美暢銷單曲排行榜冠軍)。

Daiquiri
黛克瑞雞尾酒

是由在古巴炎熱的礦坑中的工作者
所調出來的雞尾酒
在炎炎的夏日裡更是格外好喝
雪綿冰型的連大文豪海明威都愛
其清涼直透心頭
作法雖然簡單
但其絕妙的組合可說是
以蘭姆酒為基酒的雞尾酒中
最完美的傑作

白卡帝

口感 ● 稍甜
TPO ● 全天
製法 ● 雪克

材料

無色蘭姆酒(Light rum) 45ml
萊姆汁(Lime juice) 15ml
砂糖 1茶匙

1.將所有材料搖勻。
2.倒入雞尾酒杯中。

重點

使用淡口型的蘭姆酒，如無色蘭姆酒。

◆ 變化

白卡帝“Bacardi”(P.130)是以紅石榴糖漿來代替砂糖，若使用的基酒是Bacardi以外的蘭姆酒，則為「粉紅黛克瑞」。而雪綿冰型的黛克瑞更是深為大文豪海明威喜愛，因而聞名，此外尚可利用各種水果甜酒做出，如草莓黛克瑞、香瓜黛克瑞等雪綿冰型雞尾酒，製作雪綿冰型黛克瑞雞尾酒時，亦可再加點無色櫻桃酒。

♥ 關於酒名

Daiquiri本為古巴一座礦山的名稱。1898年古巴獨立後，美國派了許多技術人員前往古巴開發此礦山。在此工作的工人為了消暑，而將古巴的特產蘭姆酒，混合砂糖、萊姆汁飲用，而發明此酒的人，據說是一位名為柯庫斯的工程師。

♣ 小插曲

在沙林雅的小說作品「黑麥田裡」，雞尾酒數度出現。而在阿加沙・克里斯蒂的原著電影「水晶殺人事件」中，黛克瑞雞尾酒是其中殺人的工具。海明威的小說「海流中的島嶼」中，冷凍的黛克瑞雞尾酒也很巧妙地出現於書中－“喂！請再為我調杯黛克瑞雪綿冰雞尾酒，和以前一樣別加糖哦！”

「水晶殺人事件」中，黛克瑞雞尾酒被當成殺人的工具。華納家庭電影提供。

SOBRANIE
of London
Cocktail
CIGARETTES IN COLOUR

Margarita
瑪格麗特

將這悲戀的雞尾酒
獻給墨西哥的已故戀人
一提起龍舌蘭酒
就想起妳那墨西哥式的喝法
一邊舔著手背虎口的鹽
一邊吸咬檸檬塊
轉變而成龍舌蘭雞尾酒中的名作
因加入君度橙皮酒
也可說是加掛機車的另一種變化

口感 ● 稍甜
TPO ● 全天
製法 ● 雪克

材料

龍舌蘭(Tequila)	30ml
君度橙皮酒(Cointreau)	15ml
萊姆汁(Lime juice)	15ml
鹽	適量

1. 在雞尾酒杯杯口抹上鹽巴。
2. 將所有料搖勻。
3. 倒入雞尾酒杯。

重點

若無法取得萊姆汁，可以檸檬汁代替。

♥ 關於酒名

此酒於1949年獲得美國國際調酒大賽冠軍，由洛山磯調酒師約翰・杜烈沙所創，而瑪格麗特是他已故戀人的芳名。她於1926年，兩人外出打獵時為流彈所傷，不治死亡。而另一說則是，於1936年一位飯店經理的女友瑪格麗特喜歡在所有飲料中加鹽，但卻不喜歡以自己的手指去沾鹽，因此這位經理便特別在杯子上抹鹽。姑且不論何者為真，但卻都是浪漫的愛情故事。

◆ 變化

將君度橙皮酒換成藍色橙皮酒，就是藍色瑪格麗特；若改成草莓甜酒，則是草莓瑪格麗特；換成蜜桃甜酒，則為蜜桃瑪格麗特等，可做出各種色澤優美的變化來。也可作成雪綿冰的型式，十分美味。亦可以新鮮水果與水果甜酒一起用果汁機攪拌製作。

Tequila Sunrise
龍舌蘭日出

早晨昇起的太陽
將長滿仙人掌的荒蕪平原
照得遍地通紅
引人想起墨西哥的朝陽
龍舌蘭濃郁的香味
連那絕世美人也
為之傾心

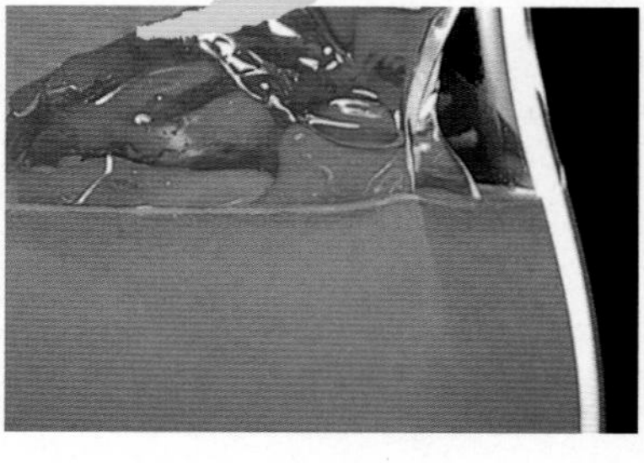

口感● 微甜
TPO● 全天
製法● 直調

■材料

龍舌蘭(Tequila)........................ 45ml
柳橙汁.................................... 90ml
紅石榴糖漿 2茶匙
柳橙片 1片

1. 將冰塊放入葡萄酒杯中(或高腳杯)。
2. 倒入龍舌蘭酒及柳橙汁。
3. 輕輕攪拌後，倒入紅石榴糖漿使之沉入杯底。
4. 以柳橙片裝飾杯緣。

■重點

預先冰凍龍舌蘭酒及柳橙汁，味道會更鮮美。倒糖漿時，可稍稍傾斜酒杯沿杯緣倒入，如此便能輕易而漂亮地倒入。或是以湯匙靠著酒杯內側，再沿湯匙的背面淋入即可。宴會時，可將材料全部倒入大型的調酒缸中，也十分方便。

♥ 關於酒名

想像龍舌蘭的故鄉－墨西哥的日出，而調出此酒來。

◆ 變化

亦有類似酒名，如「龍舌蘭日出」，也是以龍舌蘭為基酒，屬於牛奶混合酒。此外「龍舌蘭日落」也經常與「龍舌蘭日落」搭配著介紹。

♣ 小插曲

1973年滾石合唱團在墨西哥演唱期間，喜歡上此酒，以後每到一處演唱，必點「龍舌蘭日落」飲用，因而傳遍全世界。此外，艾格斯也發表了一首名為「龍舌蘭日出」的曲子，且當做是梅爾吉勃遜所主演電影的片名。「台譯為“破曉時刻”」。

取材自梅爾吉勃遜主演之“破曉時刻”。華納家庭電影提供。

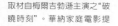

Grasshopper
綠色蚱蜢

那美麗動人的綠
如蚱蜢般
薄荷與鮮奶油的清涼甜蜜
可可濃郁的香味
令人倍覺口感清涼
是餐後雞尾酒中的傑作
請以品嚐甜點的心情來享用它吧

口感 ● 甜口
TPO ● 餐後酒
製法 ● 雪克

■材料

無色可可香甜酒 (White creme de cacao)	20ml
綠色薄荷酒 (Green creme de menthe)	20ml
鮮奶油(Fresh cream)	20ml

1. 將材料搖勻。
2. 倒入雞尾酒杯。

■重點

可可酒多為棕色，無色者較少。

♥ 關於酒名

鮮綠的顏色，令人聯想到蚱蜢，故而得名。

◆ 變化

此酒作法原不必雪克，只是將無色可可酒、綠薄荷酒、鮮奶油等依序倒入酒杯，使之產生分層的現象。不過，搖勻後的風味更佳，故才有今天之作法。若是鮮奶油最後才倒入而浮於綠薄荷牛奶混合酒之上，則是所謂之「小黃瓜雞尾酒」。

Spumoni
斯普莫尼

產於義大利米蘭的金巴利酒
是目前全世界最受歡迎的酒
在以金巴利酒調成的雞尾酒中
清淡可口最受世人喜愛的
莫過於「斯普莫尼」
葡萄酒的酸苦與通寧水的苦味
更襯托出金巴利酒的獨特風味
加入適當的碳酸水(蘇打水)更倍感清涼

金巴利蘇打

金巴利柳橙

口感 ● 微甜
TPO ● 全天
製法 ● 直調

材料

金巴利(Campari)	30ml
葡萄柚汁	45ml
通寧水(Tonic water)	適量
葡萄柚片	1/2片

1. 將冰塊放進無腳酒杯。
2. 倒入金巴利酒及葡萄柚汁。
3. 加滿冰過的通寧水，並輕輕攪拌。
4. 以葡萄柚裝飾。

重點

金巴利酒是由苦橙皮、葛縷子、胡荽子及龍膽的根部所釀成的紅香甜酒，廣為世界各地的人們所喜愛，與葡萄柚汁搭配來調，其味道更為清爽。

♥ 關於酒名

Spumoni原意為義大利風味的冰淇淋(指將鮮奶油打得起泡後，摻於水與奶油之間而成的一種冰淇淋)，由於金巴利誕生於義大利，故以之為名。

◆ 變化

以金巴利酒為基酒的雞尾酒尚有「金巴利蘇打」等；若混合柳橙汁，則是「金巴利柳橙」，且都負有盛名，皆調和了金巴利酒的強烈酒性，非常清爽，適和年輕人飲用。

♣ 小插曲

金巴利酒於1960年，因羅馬奧運而聞名於全世界，而今又因斯普莫尼的流行，更大大地提高了其知名度。

Fuzzy Navel
禁果

桃子與柳橙的混合
創造出不存在於真實世界的水果味道
也是雞尾酒中的最高級品
並以雞尾酒的新潮型態
逐漸在年輕女性間打開了知名度
只要有桃子香甜酒
您也可以在家裡輕易地調配
適合年輕女孩間的家庭派對

口感 ● 甜口
TPO ● 全天
製法 ● 直調

材料

桃子香甜酒(Peach liquear) 30ml
柳橙汁 30ml

1. 將冰塊放進老式雞尾酒杯。
2. 倒入材料。
3. 攪拌均勻。

重點

桃子香甜酒是屬於加入桃子芳香的香甜酒，或是添加濃縮粹取液的香甜酒，又稱“creme de peche”。

♥ 關於酒名

Fuzzy是指桃子表面的細細絨毛，此外另有曖昧不明之意。Fuzzy Navel即是又像桃子、又像臍柑的水果。

獨創的peach tree。
(桃子香甜酒)

Rainbow
彩虹酒

輕輕地倒入不同的酒
別讓它們混在一起了
技巧好的話
連調酒師也會拍手叫好
這彩虹般的雞尾酒
是餐後飲料(pousse-cafe)的一種
您也可以選擇所喜愛的香甜酒
在家裡試試看

口感● 甜口
TPO● 餐後酒
製法● 直調

材料

棕色可可酒(Creme de cacao) 1/7
紫羅蘭香甜酒(Creme de violet) . 1/7
無色櫻桃酒(Maraschino) 1/7
班尼狄克汀(Benedictine) 1/7
黃色沙特勒茲(Yellow chartreuse)1/7
綠色沙特勒茲(Green chartreuse) 1/7
白蘭地(Brandy) 1/7

1. 將以上之材料依序倒入甜酒杯中，不可混雜在一起。

重點

將比重不同的酒依序倒入，可避免混在一起，糖度成份越高者，比重越高，且相同的甜酒也會因廠牌的不同，而有不同的比重，所以必須事先予以確認。本酒所選的酒，其糖度成份依序分別是55%、44%、41%、34%、56%、33%、23%，在P.80~95中，也有記載各種酒的比重。

♥ **關於酒名**

因是以七種不同顏色的甜酒調成，如彩虹般，故而得名。

◆ **變化**

彩虹是pousse-cafe的代表，所使用的酒並不限於以上所列者。研究如何調出獨特色澤、風味的彩虹。也是一件很有趣的事，作法相當簡單。

♣ **小插曲**

pousse-cafe是撇開咖啡之意，是所有餐後飲料的總稱，以各種甜酒做出分層的形態。日本自大正時代起，就有稱為「五色酒」的雞尾酒，是新潮仕女們的最愛。

Bamboo
曼波

優雅的姿態如伸展的青竹
是色調鮮明的餐前酒
因加了辛口雪莉酒與辛口苦艾酒
所以，它不甜
橙皮苦酒將口感發揮得淋漓盡致
適合在餐前輕鬆地飲用
它很有日本味
因為它誕生於橫濱

安東尼斯

口感 ● 不甜
TPO ● 餐前酒
製法 ● 攪拌

■材料

辛口雪莉酒(Sherry) 40ml
辛口苦艾酒(Dry Vermouth) 20ml
橙皮苦酒(Orange bitters) 1撒

1. 攪勻所有材料。
2. 倒入雞尾酒杯。

■重點

雪莉酒可分好幾種，不甜者，稱為「菲諾」；甜者，則稱為「歐洛洛梭」。

♥ 關於酒名

其味道有如破竹般直爽的風味，是橫濱Newgrand Hotel的調酒師路易斯・愛芬格於飯店創立時所調出的，又名「愛人」或「創新」。

◆ 變化

若將辛口不甜苦艾酒改為甜苦艾酒，則為有名的餐前酒「安東尼斯」，竹子(Bamboo)應該就是由它演變而來的吧。

♣ 小插曲

雪莉酒是西班牙黑雷斯地方生產的加強酒精葡萄酒(在葡萄發酵中或發酵後加入白蘭地)的一種，有甜味和辛口等種類，此酒是以辛口雪莉酒為基酒，適合餐前飲用。

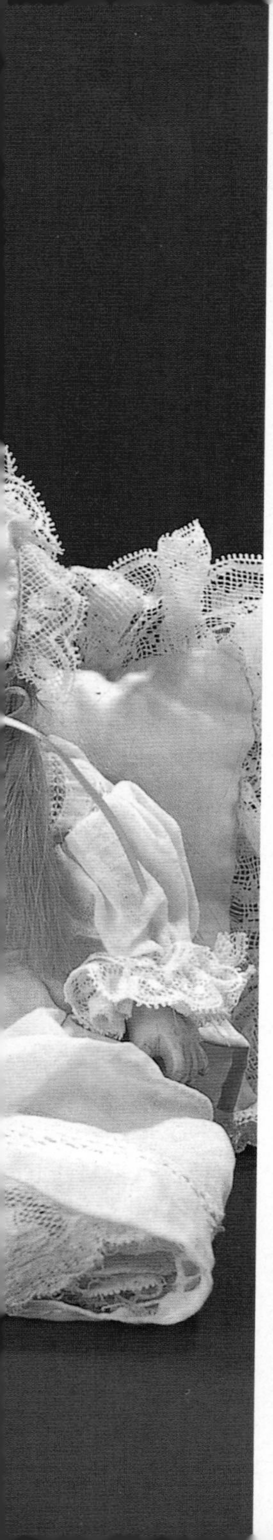

Kir
基爾

是法國一位有名的市長所創
以當地的名產白葡萄酒調成
的餐前酒
味道淡而清爽
只有那辛口的白葡萄酒與
黑醋栗香甜酒
才能調出如此優雅的味道

口感 ● 稍甜
TPO ● 餐前酒
製法 ● 直調

材料

白葡萄酒(Dry white wine) 4/5
黑醋栗香甜酒(Creme de cassis). 1/5

1. 將材料冰起來待用。
2. 倒入葡萄酒杯或長型的香檳酒杯。

重點

勿加入太多的黑醋栗香甜酒，以充份發揮白葡萄酒的風味，可以的話，也可事先將酒杯冰著，則會更加美味。

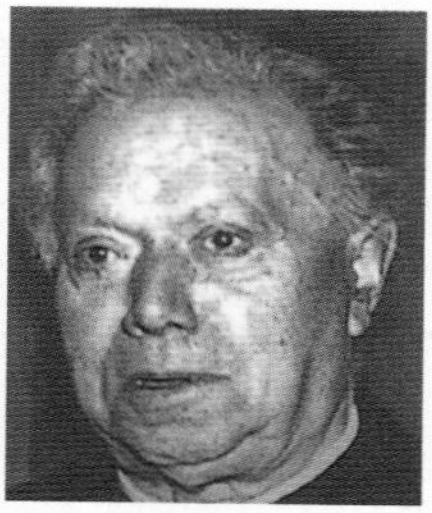

凱隆・菲力克斯・基爾
W.W.P.提供

♥ 關於酒名

此酒由法國 Bourgogne 勃根地地方的狄戎市市長凱隆・菲力克斯・基爾以白葡萄酒及黑醋栗香甜酒所調出的，故以市長之名命名。

◆ 變化

將白葡萄酒換成香檳，則是「皇家基爾」；將黑醋栗香甜酒換成木莓香甜酒，則是「帝國基爾」。

♣ 小插曲

基爾於第二次世界大戰後，任狄戎市市長與國會議員達20年之久。他於89歲時，第五度當選市長，竟將年僅25歲的助理以年紀太大而開除，真是一個大怪人。吃喝是他最大的嗜好，享年92歲。

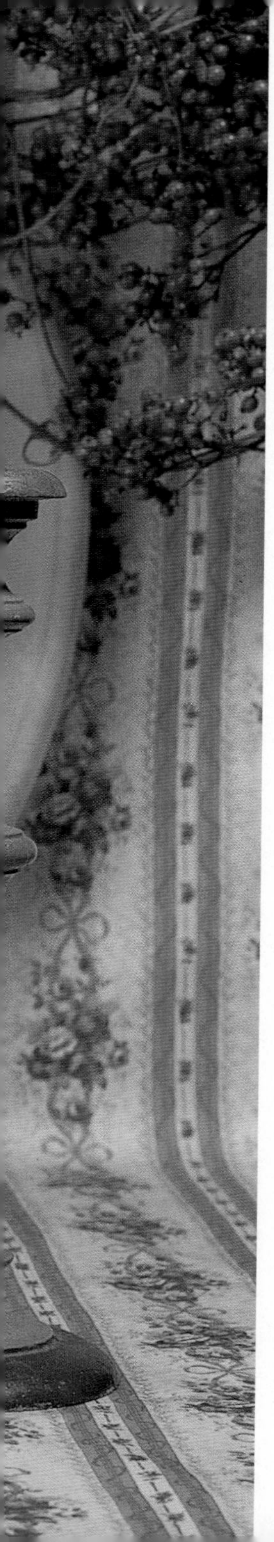

Bellini
貝里尼

在溫和的發泡式葡萄酒中
加入了甜甜的桃子汁
散發出微微淡淡的酒香
是順口好喝的雞尾酒
有如威尼斯般明朗的畫風
無論色彩、口感
都充滿了義大利風味

口感 ● 微甜
TPO ● 餐前酒
製法 ● 直調

■材料

發泡葡萄酒(Sparkling Wine) 2/3
桃子汁 1/3
紅石榴糖漿 1茶匙

1. 將冰過的桃子汁與糖漿倒入雞尾酒杯中攪勻。
2. 加入發泡葡萄酒。

■重點

將糖和酵母菌加入發酵的葡萄酒中，使之第二次發酵而釀成汽泡式白葡萄酒，香檳即是其中的一種，只有法國出產者才是其中的最高級品。

♥ 關於酒名

Bellini是文藝復興時代義大利畫家的名字，但實際上不是單指一個人，而是泛稱威尼斯派所有的畫家，其中包括有名的雅各・貝里尼及他的兒子顯丁雷與喬邦尼，門下學生喬爾喬涅、提香等人。畫風與輪廓明顯的翡冷翠派不同，大量地使用暖色系，輪廓柔和，而貝里尼雞尾酒也是如此。為紀念1948年在威尼斯舉辦的貝里尼畫展，此酒於當地的哈里茲酒吧誕生。

◆ 變化

哈里茲酒吧有時也以當季新鮮的桃子來代替桃子汁，或者是以桃子罐頭打成果汁來使用。桃子口味的雞尾酒，其變化較少，與用桃子香甜酒調成的「“禁果”」較為類似。

Mimosa
含羞草

香檳酒所冒出的泡泡
就像是法國南部尼斯海岸的含羞草
開滿了橘色的小花
它奢華的味道與清涼感
隨著氣泡蹦出祝福的喜悅
是法國貴族的最愛

口感 ● 微甜
TPO ● 餐前酒
製法 ● 直調

■材料

香檳酒(Champagne) 1/2
柳橙汁 1/2

1.先將材料冷藏。
2.將柳橙汁倒入香檳酒杯中。
3.倒滿香檳酒，並以柳橙片裝飾。

■重點

適合於宴會時飲用。香檳與柳橙汁的比例如果不同，味道也會不同，可以嘗試各種不同的比例，找出自己喜愛的口味。

♥ 關於酒名

其色彩有如含羞草的花一般，故而得名。原名為「羅蘭香檳」(在香檳中加入柳橙汁)，一直廣泛流傳於法國上流社會之間，後來不知何時演變成「含羞草」之名。

◆ 變化

在英國，稱此酒為"back's fizz"。因為倫敦的back's俱樂部將羅蘭香檳以無腳酒杯的大杯容量販售，故以店名為其名。

♣ 小插曲

日本稱含羞草為"銀洋槐"，它有著可愛的橘色小花，原以為法國是它的原產地，但令人感到意外的是，澳洲才是它的故鄉。

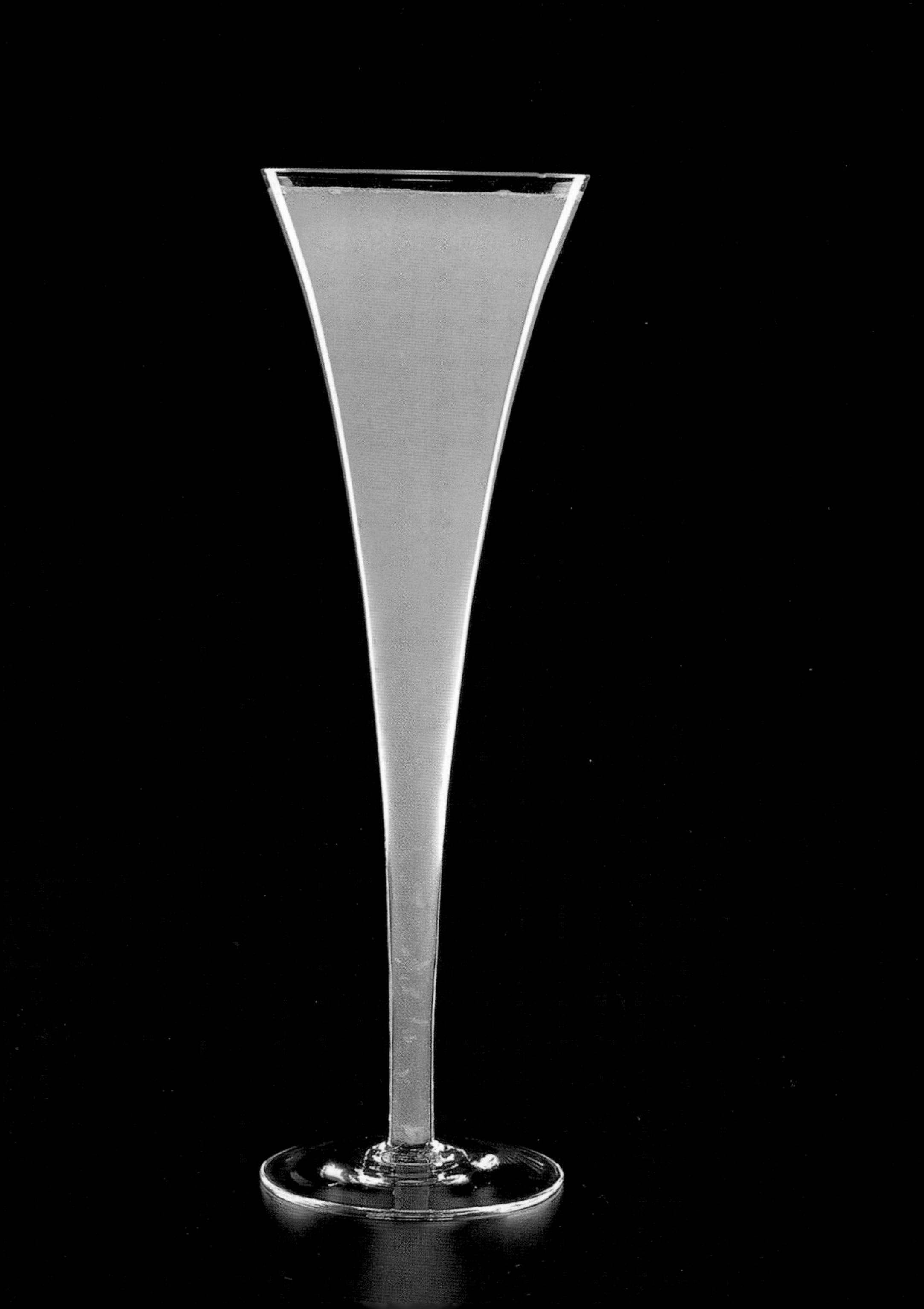

Black Velvet
黑絲絨

啤酒與香檳的泡沫
溜溜地
柔柔地
滑過喉嚨
其濃郁香醇的味道
豪華極了
以黑絲絨為其名最相稱了
當泡沫平衡穩定之時
就是飲用的最佳時刻

口感 ● 微甜
TPO ● 全天
製法 ● 直調

■材料

黑啤酒(Stout) 1/2
香檳(Champagne) 1/2

1. 預先將大型的無腳酒杯或修長果汁杯冰起來。
2. 將冰過的黑啤酒和香檳，分別由左右側慢慢倒入。

■重點

在倒汽泡式飲料時，切勿由高處倒下，以免激起泡沫，使外觀不佳。

♥ 關於酒名

其色澤如天鵝絨一般，且口感滑順，故而得名。據說19世紀末時，即已廣為人們所飲用了。

♦ 變化

英國多使用不甜口味的香檳，也有使用較苦且色深的啤酒。

♣ 小插曲

half & half在日本是指以等量的黑啤酒和一般的啤酒所調成的酒，原是由兩種等量的飲料混合而成的雞尾酒。如等量的啤酒與薑汁汽水混合而成的shandy gaff，或者由等量辛口苦艾酒與甜苦艾酒調成的飲料等都是half & half的一種。

Guinness
(黑啤酒的代表品牌)

59
INNESS

30 高級雞尾酒

Red Eye
紅眼

您或許無法想像
啤酒與蕃茄汁混合
會是什麼味道
但這是一種清爽
可以解酒的健康飲料
也可以當作是假日時的早餐
加個蛋會更好喝

口感 ● 稍甜
TPO ● 全天
製法 ● 直調

■材料

啤酒 1/2
蕃茄汁 1/2

1. 預先將啤酒與蕃茄汁冷藏。
2. 先倒蕃茄汁，再倒啤酒。
3. 輕輕攪拌。

■重點

先將材料冷藏，味道會更好。

♥ 關於酒名

用以形容宿醉時，紅紅的眼睛，適合解酒用。酒後的第二天早晨不妨試試看。

◆ 變化

在歐美，通敘會在「血腥瑪麗」或「麥桿帽」中，加入蛋黃飲用。您也可試試在「紅眼」中加青菜汁或蛤蜊蕃茄汁。

♣ 小插曲

美國人在材料不齊全的情況下調酒時，總愛以蕃茄汁或七喜汽水來沖淡飲料，而「紅眼」就是在此種情況下誕生的。當作是醒酒用的飲料，其成效如何，就不得而知了。總之，健康的蕃茄汁，是不會影響身體的。

解讀雞尾酒

小說中所描述的雞尾酒

海名威經敘流連忘返的哈瓦那酒吧

一提及愛喝雞尾酒的大文豪，想必大家都會想到海明威。在其作品「渡河入林」中，即有代表蒙哥馬利的15：1「超級辛口」馬丁尼；「永別武器」中也有馬丁尼的出現；「海流中的島嶼」也介紹了幾種加勒比海風味的雞尾酒。第二次世界大戰時，海明威投身於軍旅，前往巴黎，據說他曾於里茲飯店獨自一人喝下五十杯馬丁尼。而雪綿冰型黛克瑞雞尾酒也特別得到海明威的青睞，經常撰文介紹。總之，說到雞尾酒，最不可缺少的就是海明威。

阿薩・貝里的「飯店」，是一本描述一位年輕的飯店副理極力拯救陷於經營危機中的飯店小說。故事中雞尾酒隨處可見，如男主角在奮鬥期間，創造出了「Rusty Nail」（銹釘）；與千金小組約會時，又調了「苦艾蛋酒」作為約會時的小道具，雖是以苦艾酒與蛋白所搖成的，但依據小說中的介紹，卻是美國南部家庭早晨常喝的雞尾酒。阿朗・西利多的「星期六晚上與星期日早晨」中，雖然主角都一直喝啤酒，但到底還是有以啤酒為基酒的「Shandy Gaff」（香堤）的出現。青春文學作品沙林雅的小說作品「黑麥田裡」中，雪綿冰型黛克瑞雞尾酒及威士忌蘇打也經常出現。

但還是以推理小說最常見到雞尾酒的出現，如：萊蒙特・強朵拉的「久別」中，即有句台詞「喝螺絲鑽，還太早呢！」。艾朵・麥克貝因的「87分署系列－警官討厭」中，「Tom Collins」（湯姆可林斯）令人印象紳刻。

羅巴特・B・帕卡的「誘拐」中，主角以「伏特加螺絲鑽」來誘騙女性。哈里・歐爾茲卡的「死亡走開」中，也有吉普森雞尾酒的出現，一位由懷俄明州來到紐約的鄉下女孩，她第一次所喝的雞尾酒即是吉普森雞尾酒，她激動得告訴調酒的吉普森先生說：「人們真應該要感謝你。」

海明威

關於雞尾酒的知識

Harvard Cooler　Gin Buck　long drinks(琴湯尼)　short drinks(紐約)

雞尾酒的種類

雞尾酒可分為短飲(short drinks)與長飲(long drinks)兩種，短時間飲料必須在極短的時間內喝完，否則會損及風味。一般而言，最好在10~20分鐘內喝完，酒精成份大多為30度左右。

長時間飲料則是適合長時間飲用的雞尾酒，以蘇打水或果汁等沖淡後，倒入可林斯杯或大玻璃杯等大容量的杯子，即可飲用。大部份多是以冷飲較多，但也有熱飲的方式，可放置30分鐘，使酒精濃度降低，易於飲用，可有多種不同的形態。

長飲型雞尾酒的分類

■Buck（巴克）

由蒸餾烈酒摻雜檸檬汁或薑汁汽水而成的雞尾酒，與雄鹿(Buck)一樣具有強烈的刺激性(口感佳、酒精成份高)。

■Collins（可林斯）

於蒸餾烈酒中摻雜檸檬汁和砂糖(或糖漿)後，加滿蘇打水。如John Collins(約翰可林斯)、Tom Collins(湯姆可林斯)等都很有名。

■Cooler（冰酒）

於蒸餾烈酒中摻雜檸檬汁(或萊姆汁)和砂糖(或糖漿)後，加滿蘇打水或薑汁汽水。不必過份拘泥於如何調配，以酒或無酒精的飲料為基酒皆可。

綠眼　薄荷碎冰酒　白俄羅斯(Float)　雪莉冰酒(Flip)　白蘭地雞蛋麥酒

Egg Nogg（蛋奶酒）

以蛋、牛奶、砂糖、酒類所調成的雞尾酒，冷飲、熱飲皆可，原為美國西部耶誕節的飲料，而今則一年四季都為世人所愛飲。

Fizz（費茲）

烈酒中摻入檸檬汁、砂糖、蘇打水。Fizz指的水瓶內氣泡升起所發出的「滋滋」聲音。

Flip（蛋酒）

在水果酒或蒸餾烈酒中，摻入蛋、砂糖而成的雞尾酒。最後可依喜好撒入荳蔻，冷、熱飲皆可。

Float（漂浮）

利用材料比重的不同，而作出分層的雞尾酒。有很多方式，如漂浮於水或飲料上的Whisky Float(漂浮威士忌)；多種酒類分層的Pousse-cafe(彩虹酒)；也有將兩種酒漂浮於已完成的雞尾酒之上的。

Frappe（碎冰酒）

將所有材料與碎冰塊搖勻後倒入酒杯，或者是直接將香甜酒倒入已裝有碎冰塊的酒杯中。

Frozen Style（雪綿冰型）

將材料與碎冰塊一起放進果汁機中打成泥狀，其硬度會因加入碎冰塊的多寡而不同，較有名的雪綿冰型黛克瑞雞尾酒與瑪格麗特、綠眼等。

Half and Half（一比一）

以兩種等量的材料所調成的雞尾酒。一般是以黑啤酒和淡啤酒較多，也有以辛口苦艾酒和甜苦艾酒混合的雞尾酒。

High Ball（高球）

指混有水或蘇打水、薑汁汽水、通寧

Gin Ridkey（琴奇利）　Claret Punch（紅葡萄雞尾酒）　Rusty Nail(On the Rocks)（銹釘）　Klondike Highball（可倫狄可高球）

水、果汁等的威士忌酒。名稱來源，一說是來自高爾夫球用語；另一說則是來自美國鐵路的「高球信號機」等，眾說紛云，莫衷一是。

■Julep（冰涼酒）

蒸餾烈酒中混有冰塊、薄荷葉的雞尾酒。一直流行於美國南部，主要是以葡萄酒為基酒，而現在則是以波本威士忌為基酒，廣為大家所飲用。

■On the Rocks（老式酒杯型）

指在裝有大冰塊的老式酒杯(又稱岩石酒杯)中，倒入材料的雞尾酒。On the Rocks意為「在岩石上」，以比喻大冰塊。大多是加入威士忌，但近來則是將馬丁尼、曼哈頓等短時間飲料倒入老式酒杯中，也十分受到歡迎。美國人稱此類型為「Over Rocks」或「Over Ice」簡稱「Over」。反之，直接注入雞尾酒杯者，稱為「Straight up」，簡稱「UP」。

■Pousse-Café（彩虹酒）

指將烈酒、香甜酒、鮮奶等依比重大小，不使之混合地依序倒入，所以，知道每一種酒的比重是很重要的，且不同的製造商，其比重也不同。

■Punch（雞尾酒缸）

以葡萄酒為基酒，調以各種香甜酒、果汁、水果等的雞尾酒。宴會時，可調數人份的量於大型雞尾酒缸中，以冷飲為多，熱飲亦可。Punch一語源於梵文的Pancha或印度語的Punch，原意為「五種」。據說在印度原是以亞力酒、水、檸檬汁、辛香料等材料所調成的飲料。

■Rickey（利奇）

將萊姆汁(或檸檬汁)擠壓入蒸餾烈酒中，再加滿蘇打水。並將萊姆的果實放入酒杯中，由飲用者自行調節酸味。

天使之吻(餐後酒)　Adonis(餐前酒)（安東尼斯）　威士忌托迪(Toddy)　威士忌沙瓦(Sour)

■**Sling（司令）**

指蒸餾烈酒中摻有檸檬汁、糖漿，再加水或蘇打水及薑汁汽水等飲料的雞尾酒，熱飲亦可。Sling源於德語Schingen，以新加坡司令最為著名。

■**Sour（沙瓦）**

蒸餾烈酒中混有檸檬汁、砂糖等甜、酸味的雞尾酒，在美國沒有加蘇打水的習慣，而其他國家則有使用水或香檳的習慣。Sour意為「酸」。

■**Toddy（托迪）**

將砂糖放入中型的無腳酒杯或傳統酒杯中，倒入蒸餾烈酒後，以水或熱開水沖淡所調成的雞尾酒。英國向來以此種類型的酒來禦寒，而以熱開水沖淡威士忌，作為睡前酒，深受日本人喜愛。熱飲時，可利用有把手的雞尾酒杯或咖啡杯。

依時、地、場合分類

■**Pre-Dinner Cocktail（飯前雞尾酒）**

晚餐前飲用，可潤喉、增進食慾。以甜度底、味道清爽者為佳。

■**After Dinner Cocktail（飯後雞尾酒）**

晚餐後飲用，可促進消化。是有效利用香甜酒的香醇雞尾酒。

■**All Day Cocktail（全天飲用型雞尾酒）**

任何時間都可飲用，大部份的雞尾酒都是這種形態。

■**Night Cap Cocktail（午夜睡前酒）**

有助於睡眠，以白蘭地為基酒的香醇雞尾酒，也可用蛋來調配。

葡萄酒杯　沙瓦杯　香甜酒酒杯(利口杯)　無腳果汁酒杯　老式酒杯　威士忌酒杯

雞尾酒專用酒杯

平底酒杯

■威士忌酒杯(Whisky Glass)

純喝威士忌等烈酒、或短時間飲料時使用的酒杯，容量有30ml和60ml兩種。

■老式酒杯(Old Fashioned Glass)

是模仿無腳酒杯的傳統酒杯，於飲用岩石型態雞尾酒時使用。美國、日本多稱之為岩石酒杯(Rock glass)。

■無腳果汁酒杯(Tumbler)

為飲用長時間飲料或不含酒精的雞尾酒時使用，又稱高球酒杯。

■可林斯酒杯(Collins Glass)

又稱高腳酒杯或煙囪酒杯，杯身高、杯口小，二氧化碳不易揮發。從可林斯型雞尾酒到有加入碳酸汽水的雞尾酒均可使用。

■有把手的大酒杯(Jug)

有各種不同大小，大至大型的啤酒杯、小至葡萄酒杯，亦可用來飲用Punch類型的雞尾酒。

■Punch Cup(調雞尾酒之酒缸)

是調Punch雞尾酒的大型酒缸，調成後分裝於酒杯中，通敘是包括酒缸與酒杯的整組用具。

附有腳的酒杯

■香甜酒酒杯(利口杯 Liqueur Glass)

乃直接飲用香甜酒時使用，也可用來飲用威士忌及各種烈酒。也可作為飲用餐後甜酒使用。

■雪莉酒杯(Sherry Glass)

原為用於飲用雪莉酒，但逐漸地也被用來直接飲用威士忌與各種烈酒。適合慢慢品嚐酒的味道與香味時使用，比葡萄酒杯稍小，容量為60~75ml。

白蘭地酒杯　高腳果汁酒杯　香檳酒杯2種　雞尾酒杯3種

■**沙瓦杯(Sour Glass)**

飲用Sour時使用的酒杯，日本大多使用附有腳的酒杯，而在外國也有使用平底的酒杯，容量為120~150ml。

■**葡萄酒杯(Wine Glass)**

在葡萄酒的產地有各式各樣的葡萄酒杯，依種類可分為紅葡萄酒專用與白葡萄酒專用，且造形與大小各不相同。為了能夠欣賞到酒的色澤，通敘都是使用無花色的透明酒杯、附腳、玻璃材質薄，杯緣稍往內側彎曲，使香味不易散失。最理想的杯口大小是，飲用時鼻子也能包含其中。

■**雞尾酒杯(Cocktail Glass)**

為短時間飲料的代表容器，呈倒三角形，曲線柔和，造形豐富。標準容量為90ml，但也有60ml、75ml，甚至連120~150ml的都有。

■**香檳酒杯(Champagne Glass)**

有廣口碟型與長筒型兩種。前者通常用於乾杯時，或是雪綿冰型用、或以加蛋的雞尾酒時用。後者不易使二氧化碳揮發，適合於用餐時品嚐雞尾酒，或者欣賞汽泡式雞尾酒冒泡的景象。

■**高腳果汁酒杯(Goblet)**

用於加冰塊飲用的長時間飲料或不含酒精的雞尾酒、啤酒等，容量300ml以上，也有400~500ml的大型酒杯。

■**白蘭地酒杯(Brandy Glass)**

為能夠充份品味白蘭地香味而設計的酒杯，上方較窄，故可凝聚香味，標準容量240~300ml，但一般倒入的酒以不超過30~45ml為宜。

雞尾酒的基酒

威士忌(Whisky)

此酒是由大麥麥芽等釀造、蒸餾成烈酒後，儲存於橡木桶內數年到數十年蘊釀成熟後，生成其獨特的風味。其主要產地有英國的蘇格蘭(Scotch：蘇格蘭威士忌)、愛爾蘭(Irish：愛爾蘭威士忌)、加拿大(Canadian：加拿大威士忌)、美國(Bourbon：波本威士忌、Rye Whisky：裸麥威士忌等)及日本等五國，且各有其特色。

◉蘇格蘭威士忌(Scotch Whisky)

為英國蘇格蘭地方所產之威士忌的總稱。主要是以大麥麥芽製成的「純麥芽蘇格蘭威士忌」(Malt Scotch Whisky)及玉米等穀類所製成的「穀類威士忌」(Grain Whisky)，但大部份的蘇格蘭威士忌，是將麥芽威士忌及穀類威士忌混合製成的混合蘇格蘭威士忌(Blended Scotch Whisky)。麥芽的生產地，有詩佩河地區(Speyside)、蘇格蘭高地(Highland)、蘇格蘭低地(Lowland)及艾蕾島(Islay)等四處。

■混合威士忌(Blended whisky)

CLAN HANALD 25年(軒拿25年)

BALLANTINES FINEST
(百靈罈・特級)

CHIVAS REGAL 12年
(奇瓦士12年)

BURBERRYS 12年
(巴布利12年)

WHYTE MACKAY 12年
(英國雙獅12年)

■麥芽威士忌(Malt whisky)

AUCHENTOSHAN 10年
(歐珍都香10年)
蘇格蘭低地麥芽

BOWMORE 17年
(波莫爾17年)
艾蕾島麥芽

DALMORE
（達摩純麥威士忌）
蘇格蘭高地麥芽

THE MACALLAN 12年
（麥卡倫12年）
詩配地區麥芽

◉愛爾蘭威士忌(Irish Whisky)

愛爾蘭是威士忌的故鄉，以往的特色是純麥芽酒厚重的風味，而目前則以加了穀類的淡味威士忌為主流。

BUSHMILLS
（布希密爾斯）

TULLAMORE DEW
（塔拉摩爾・都）

◉美國威士忌(American Whisky)

波本威士忌是含有玉米51％以上的穀類威士忌，著名產地是肯德基州。含裸麥51％以上者，為裸麥威士忌。另外，含玉米80％以上者，為玉米威士忌，製法和波本威士忌相同；而用田納西州特糖楓炭過濾後，置於木桶蘊釀成熟的田納西州特產威士忌，則為田納西威士忌(Tennessee Whisky)。

■波本威士忌(Bourbon Whisky)

EARLY TIMES
（早報）

FOUR ROSES
（四玫瑰）

OLD 1889 ROYAL 12年
（老皇家12年）

JIM BEAM 8年 BLACK LABEL
（金賓8年黑牌）

MAKER'S MARK RED TOP
（美格牌・紅蠟封）

■田納西威士忌(Tennessee Whisky)

JACK DANIELS BLACK
（傑克・丹尼爾—黑牌）

■裸麥威士忌(Rye Whisky)

OLD OVERHOLT STRAIGHT RYE WHISKY
（老歐佛候德）

◉加拿大威士忌(Canadian Whisky)

加拿大威士忌，在1920年的美國禁酒令時代起，便隨英國移民的進入而開始大量生產。此酒是由以裸麥為原料的調味用威士忌(Flavoring)，及以玉米為原料的基本威士忌(Base Whisky)所混合製成的。其風味在全世界的威士忌中，是最清淡順口的。

ALBERTA PREMIUM
（阿伯塔—特級）

CROWN ROYAL
（皇冠）

CANADIAN CLUB 6年
（加拿大會所6年）

◉其他威士忌(Other Whisky)

ROYAL RESERVE
（黑老爺21威士忌）

GOLD RIVER 12
（麥香12威士忌）

RACKE RAUCH ZART
（瑞奇混合威士忌）

HEAVEN HILL
（肯德基混合威士忌）

琴酒(Gin)

琴酒起源於17世紀，一位荷蘭的醫生將杜松子浸泡在酒精內，當成退燒的特效藥銷售。後來被引進英國，在產業革命後開始大量生產。

荷蘭琴酒繼承了傳統，饒富個性的風味，被稱為Genever(荷蘭製杜松子酒)。英國琴酒最早是以略帶甜味的老湯姆琴酒(Old Tom Gin)為主，但目前則是以辛口琴酒(Dry Gin)為主流。

GORDON DRY GIN
高登辛口琴酒
（出貨量世界第一）

BURNETT'S GIN 40度
（布內茲—40度）

BEEFEATER
酒名為倫敦塔的衛兵之意
（英人牌）

PLYMOUTH GIN
英國海軍之愛用品
（普利茅斯）

BURBERRYS GIN
（巴布利辛口琴酒）

TANQUERAY SPECIAL
酒瓶為18世紀倫敦消防栓之形狀
（坦葛雷—特辛口）

GIBSON'S GIN
（金普森辛口琴酒）

GENEVER
荷蘭的傳統琴酒
（波斯琴酒）

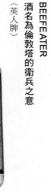

白蘭地(Brandy)

白蘭地是將葡萄酒蒸餾後，儲存於木桶中蘊釀熟成之產品。法國的干邑(Cognac)及雅馬邑(Armagnac)為二大產地。拿破崙、XO、VSOP等指白蘭地的等級，另外，還有將釀造葡萄酒所剩下之渣滓再發酵、蒸餾，釀成白蘭地，日本稱之為渣釀白蘭地，英文稱之為Pomas Brandy，法國稱之為Marc，義大利稱之為Grappa。廣義的來說，白蘭地是將果實發酵後蒸餾製成的酒。以蘋果為原料的卡巴度斯(Calvados)為其他水果白蘭地代表性產品。

HENNESSY XO
（軒尼詩 XO）
干邑區的名區

LOUIS ROYER VSOP
（路易・老爺 VSOP）
干邑區的名品

LOUIS ROYER XO
（路易・老爺 XO）
干邑區的名品

DAVIDOFF CLASSIC
（大衛杜夫干邑白蘭地）

MARTELL VSOP
（馬爹利VSOP）
干邑區的名品

SAINT—VIANT
（聖維凡 XO）
雅馬邑區的名品

DUCASTAING
（杜克 XO）
雅馬邑區的名品

MAISON GUERBE
（郁金香 XO）
干邑區的名品

GUYOT CALVADOS
（卡優－卡巴度斯）
蘋果白蘭地

SAMALENS BAS ARMAGNAC VSOP
（賽馬 VSOP）
貝斯・雅馬邑白蘭地

GELAS BAS ARMAGNAC XO
（吉拉 XO）
貝斯・雅馬邑白蘭地

DUJARDIN FRENCH ERANDY
（都佳汀 VSOP）
法國白蘭地

SUNTORY XO DELUXE
（山多利XO特級）
日本山多利公司出品

伏特加(Vodka)

將各種穀物釀造、蒸餾而製成的穀類烈酒，加水稀釋後，以白樺或椰子之活性炭過濾製成。俄國大革命以後，傳遍世界各地，近年來美國的產量世界第一。Zubrowka則是波蘭產的伏特加，增添了zubrowka草香味，在日本亦相當受歡迎。

DANZKA
（銀狐伏特加）

ROYALTY
（皇家上醇伏特加）

SMIRNOFF
銷售量世界第一
（斯密諾夫—美國）

STOLICHNAYA
道地的俄國伏特加
（首都牌—俄羅斯）

POLIAKOV
（波力卡夫）

ZUBROWKA40度
（茲布羅卡—波蘭）

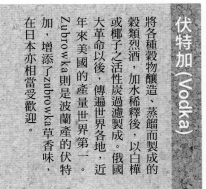

蘭姆酒(Rum)

是以甘蔗製成的蒸餾酒。主要產地為牙買加、百慕達等加勒比海諸島及沿岸，也有些製品是將原酒運到英國或法國，在木桶內蘊釀熟成後裝瓶的。依酒色濃淡可分為白色(White)、金黃色(Gold)、深色(Dark)等，依風味可分為淡味(Light)、中味(Medium)、重味(Heavy)等。在木桶內發酵熟成後，風味更為濃厚。

BACARDI FOUNDER'S SELECT
（巴卡迪無色蘭姆酒）
蘭姆酒中不可缺少的品牌

CARIOCA GOLD
（卡里歐卡金色蘭姆酒）

CARIOCA WHITE
（卡里歐卡白色蘭姆酒）

DILLON TRES VIEUX RHUM
（狄戎陳年金色蘭姆酒）

LEMON HART DEMERARA
（檸檬心・德美拉拉金色蘭姆酒）
英國產

LEMON HART DEMERARA 151 PROOF
（檸檬心・德美拉拉151酒精度）
英國產

NEGRITA WHITE
（內格麗達白色蘭姆酒）

NEGRITA GOLD 44度
（內格麗達金色蘭姆酒）
法國產

RONRICO GOLD
（隆黎寇金色蘭姆酒）
波多黎各產

RONRICO WHITE
（隆黎寇白色蘭姆酒）

龍舌蘭酒(Tequila)

此酒是以墨西哥產的龍舌蘭之根莖釀造、蒸餾而成的產品。原名為Mezcal，只有墨西哥西部提吉拉鎮的龍舌蘭所製成的酒才可稱為Tequila，但後來所有以龍舌蘭製成的酒卻以Tequila之名而聞名世界。未在橡木桶內蘊釀成熟的白色龍舌蘭有強烈的風味，而在橡木桶內蘊釀成熟的龍舌蘭，則類似白蘭地的風味。

CUERVO GOLD
(金快活金色舌蘭酒)

CUERVO WHITE
(金快活白色龍舌蘭酒)

CUERVO 1800
(金快活 1800)

DON QUIXOTE WHITE
(唐吉柯得白色龍舌蘭酒)

LAJITA GOLD
(拉吉達金色龍舌蘭酒)

PORFIDIO
(巴迪歐白色龍舌蘭酒)

SAUZA SILVER
(瀟灑牌白色龍舌蘭酒)

洋芋蒸餾酒(Akvavit)

此酒並不太為人所知，產於北歐，意為「生命之水」。是以馬鈴薯為主原料製成的烈酒，其特徵是以葛縷子(caraway)、大茴香(anise)、小茴香(cumin)等藥草、香料來增添風味的藥草烈酒(Herb-Spirits)。

AALBORG
(歐薄洋芋蒸餾酒)
丹麥產

葡萄酒(Wine)

葡萄酒除了白葡萄酒、紅葡萄酒、玫瑰紅葡萄酒外，尚有苦艾酒(Vermouth)—是葡萄酒再添加苦艾藥草以及白蘭地的「藥草葡萄酒」；雪莉酒(SHERRY)—則是加白蘭地蘊釀熟成的製品；瑪得拉葡萄酒(Madeira Wine)—是加白蘭地，在木桶內熟成約三個月後製成的，以上兩種和波特酒等稱為「加強酒精葡萄酒」；香檳—則是發泡性的葡萄酒(Sparking Wine)，在酒瓶內二度發酵後，將二氧化碳封在瓶內；波特酒(Port Wine)—則是在紅葡萄酒發酵時加入白蘭地，在橡木桶內蘊釀熟成的製品。這些特殊風味的葡萄酒，比一般的葡萄酒還要常被使用來調製雞尾酒。

CINZANO ROSE
（金查諾粉紅苦艾酒）

CINZANO EXTRA DRY
（金查諾辛口苦艾酒）

MARTINI BIANCO
（馬丁尼白色甜口苦艾酒）

MARTINI EXTRA DRY
（馬丁尼辛口苦艾酒）

NOILLY PRAT DRY
（諾里辛口苦艾酒）
法國之苦艾酒

NOILLY PRAT SWEET
（諾里甜口苦艾酒）

LANSON
（蘭森香檳）
代表性的香檳

CROFT PALE DRY
（克洛佛辛口雪莉酒）
雪莉酒之品名

BOURGOGNE ALIGOTA
（勃根地辛口白酒）
適合調製基爾的辛口白葡萄酒

DALVA RUBY PORT
（黛華紅寶波特酒）
波特酒之珍品

CROWN BARBEITO SWEET
（皇冠・巴貝多甜口瑪得拉酒）
酒精強化之瑪得拉葡萄酒

DUBONNET
（多寶力－奎寧藥草葡萄酒）

啤酒(Beer)

啤酒(Beer)，是世界上飲用量最多，且在世界各地都有製造的酒精飲料。世界各地所採用的啤酒製法，是以麥芽為原料，再加入蛇麻草(hop)所製成的。但也許是因為啤酒以單獨飲用時風味最佳，所以在雞尾酒的世界裡並不受歡迎。在此將為各位介紹特殊的啤酒。

CHILI BEER
（辣椒加味啤酒—日本）
加了辣椒的啤酒

GUINNESS
（金內斯黑啤－英國）
最具代表的濃啤酒

LABATTICE BEER
（拉巴德冰啤酒－加拿大）
近年來頗受歡迎的冰點過濾啤酒

EKU
（愛庫28啤酒－德國）
酒精度11度

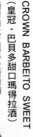

香甜酒(Liqueur)

是在烈酒中加入藥草或果實等之粹取液的酒。一般是以蒸餾法、浸漬法、精粹法(Essence)、或是同時採用上述之製法而製成的。可以依香味成份的主要原料來分類，有些像咖啡甜酒一樣，同一原料有各種品牌；亦有些像沙特勒茲酒一樣，完全以其獨自的方法製成獨自品牌。

◉ 藥草・香草系

因是在蒸餾酒中加入藥草或香草之成份，所以有許多原是被當成藥酒來飲用的。香甜酒中有許多是富有傳統特色的，也有些產品調合了數十種原料，至今仍依照秘傳的製法來製造。

AMER PICON
(彼功橙皮苦酒)
酒精濃度21度、糖度10.8%
法國最具代表的苦味酒

ANISETTE
(茴香香甜酒—法國庫斯尼)
酒精濃度23度、糖度51%
加入茴香之種子等

ANISETTE
(茴香香甜酒—荷蘭波斯)
酒精濃度25度、糖度41%

HERMES
海爾梅斯苦艾藥草酒
酒精濃度58度、糖度2.5%

PERNOD
(彼諾酒)
酒精濃度40度、成份10%
用以代替苦艾藥草酒

BENEDICTINE DOM
(班尼狄克汀)
酒精濃度40度、糖度34.56%
由修道院所製造之藥用酒

CHARTREUSE(黃)
沙特勒茲(黃)
酒精濃度40度、糖度33%
藥用系甜酒之代表

CHARTREUSE(綠)
沙特勒茲(綠)
酒精濃度55度、糖度23%

(DE KUYPER) CREME DE MENTHS
綠薄荷甜酒
酒精濃度24度、糖度41%

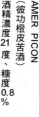

GREEN PEPPERMINT (HERMES)
（海爾梅斯綠薄荷甜酒）
酒精濃度30度 糖度40%

CREME DE MENTHE (BARDINET)
（巴迪尼綠薄荷酒）
酒精濃度25度、糖度37%以上

薄荷甜酒GET27
酒精濃度21度、糖度43%

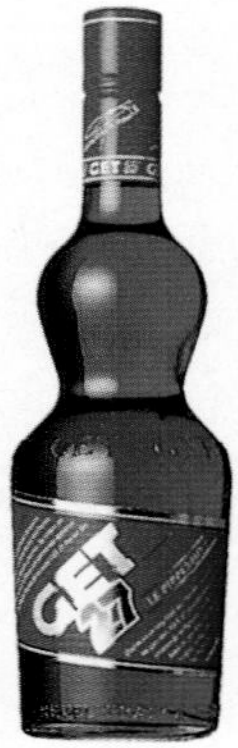

薄荷甜酒GET31
酒精濃度24度、糖度43%

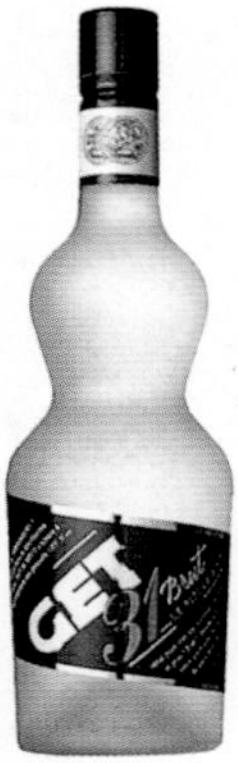

白薄荷酒
酒精濃度25度、糖度21%

SAMBUCA
（金銀花香甜酒）
酒精濃度42度、糖度36%

CAMPARI
（金巴利—義大利）
酒精濃度24度、糖度19%

GALLIANO
（加里安諾—義大利）
酒精濃度33度、糖度35%
原料為茴香、香草等40種以上之藥草

PARFAIT AMOUR
當紫羅蘭香甜酒飲用
酒精濃度29度、糖度44%

PARFAIT AMOUR
（紫羅蘭香甜酒）
酒精濃度27度、糖度44%

HERMES VIOLET
（海爾梅斯紫羅蘭甜酒）
酒精濃度27度、糖度45%

IRISH MIST
（愛爾蘭之霧）
酒精濃度35、糖度21%
愛爾蘭威士忌、藥草及蜂蜜

GUYOT CRISTALLISE KUMMEL
（顧美露茴香甜酒）
酒精濃度45度、糖度34％

RICARD
（利卡得藥草酒）
酒精濃度45度、糖度不滿2％
以南法之星茴香等香草浸漬製成

DRAMBUIE
（吉寶液藥草酒）
酒精濃度40度、糖度35％
蘇格蘭威士忌、藥草及蜂蜜

UNDERBERG
（安得貝格藥草酒）
酒精濃度44度、糖度1.5％
德國之苦味藥用酒

ANGOSTURA BITTERS
（安哥斯吉拉藥草苦酒）
酒精濃度44度、糖度9％
苦味酒之代表等級

HERMES AROMATIC BITTERS
（海爾梅斯藥草酒）
酒精濃度45度、糖度3％

◉柑橘皮(orange)系

柑橘皮香甜酒被稱為古拉索(curacao)，有無色橙皮酒、藍柑香酒、紅柑香酒等；而曼陀鈴則是以溫州橘皮所製成；另外亦有檸檬皮香甜酒。

COINTREAU
（君度橙皮香甜酒）
酒精濃度40度、糖度27％
白橙皮酒的代表

HERMES WHITE CURACAO
（海爾梅斯白橙皮酒）
酒精濃度40度、糖度40％

WHITE CURACAO
（白橙皮酒）
酒精濃度30度、糖度27％

TRIPLE SEC
白橙皮酒之一種
酒精濃度35度、糖度29％

BLUE CURACAO
（藍橙皮酒）
酒精濃度25度、糖度33.6％

BARDINET BLUE CURACAO
（巴迪尼藍橙皮酒）
酒精濃度40度、糖度25％

GRAND MARNIER
（格蘭・瑪麗亞橙皮酒）
酒精濃度40度、糖度21％以上
柑橘白蘭地甜酒之名品

ORANGE CURACAO
（橙色橙皮酒—法國CUSENIER）
酒精濃度40度、糖度37％

RED CURACAO
（紅色橙皮酒—法國MB牌）
酒精濃度25度、糖度32.5％

HERMES ORANGE CURACAO
（海爾梅斯橙色橙皮酒）
酒精濃度40度、糖度30％

MANDARIEN NAPOLEON
（曼陀鈴橘皮香甜酒—比利時）
酒精濃度38度、糖度23％

MANDARIEN
（橘皮香甜酒—荷蘭BOLS牌）
酒精濃度29度、糖度23％

LIME CITRON
（萊姆香甜酒—法國MB牌）
酒精濃度19.5度、糖度22％
萊姆、檸檬之甜酒

◉ 櫻桃(cherry)系

以櫻桃浸漬而成的紅色櫻桃香甜酒(Cherry brandy)=(Cherry liqueur)，或是以蒸餾法所製成的無色櫻桃香甜酒(Maraschino)為代表。櫻桃蒸餾烈酒(kirschwasser)雖為櫻桃所製成的水果白蘭地，但有時也會加入甜味製成香甜酒。

CHERRY BRANDY
（櫻桃香甜酒—法國MB牌）
酒精濃度24度、糖度30％

HERMES CHERRY BRANDY
（海爾梅斯櫻桃香甜酒）
酒精濃度24度、糖度30％

HERRING CHERRY LIQUEUR
（櫻桃香甜酒—丹麥海玲牌）
酒精濃度25度、糖度38％

KIRSCH LIQURUR
（無色櫻桃香甜酒—荷蘭波斯牌）
酒精濃度45度、糖度11％

MARASCHINO
（無色櫻桃香甜酒—法國CUSENIER）
酒精濃度32度、糖度41％

MARASCHINO
（無色櫻桃香甜酒—荷蘭波斯牌）
酒精濃度30度、糖度39％

HERMES SAKURA
（海爾梅斯櫻桃香甜酒）
酒精濃度22度、糖度30％

◉ 杏子(apricot)系

有許多杏酒，是將杏核搗碎與果肉一同浸漬在白蘭地中製成的。除此之外，將杏仁果製成的香甜酒稱為「阿瑪雷托」(AMARETTO)。

ABRICOT BRANDY
（杏子香甜酒—法國Bardinet）
酒精濃度30度、糖度25％

CREME d'ABRICOT
（杏子香甜酒—法國Lejay Lagouet）
酒精濃度15度、糖度40％

HERMES APRICOT BRANDY
（海爾梅斯杏子香甜酒）
酒精濃度30度、糖度30％

◉ 桃(peach)系

最近頗受女性的歡迎，Peach源於法文，意為桃子。有粉紅色、偏黃色、及無色透明等種類，其柔和的風味，最適合當飯前酒。

CREME DE PECHE
（水蜜桃香甜酒—法國Lejay Lagouet）
酒精濃度15度、糖度45％

HERMES PEACH BRANDY
（海爾梅斯水蜜桃香甜酒）
酒精濃度30度、糖度28％

ORIGINAL PEACHTREE
（水蜜桃香甜酒—荷蘭De Kuyper）
酒精濃度24度、糖度31％

◉ 莓子(berry)系

莓子類的甜酒中以調製基爾不可缺少的黑醋栗甜酒為最著名，Framboise，Fraise也是木莓、草莓果實製成之香甜酒。Mure是指black berry（黑莓）。而野莓琴香甜酒(Sloe Gin)所使用之Sloe berry（野莓）為plum（李子）之一種。

CREME DE CASSIS
（黑醋栗香甜酒）
酒精濃度16度、糖度50%

CREME DE FRAMBOISE
（木莓香甜酒）
酒精濃度20度、糖度51%

CREME DE FRAISE
（草莓香甜酒）
酒精濃度18度、糖度39%

MURE
（黑莓香甜酒—法國MB牌）
酒精濃度16度、糖度21%以上

SLOE GIN
（野莓香甜酒—荷蘭波斯牌）
酒精濃度33度、糖度16%

CHAMBORD LIQUEUR
（華冠黑莓蜂蜜香甜酒）
酒精濃度16.5度、糖度42.1%

◉ 其他水果

除了梨、甜瓜、香蕉、荔枝外，亦有蘋果、李子、西瓜、百香果、奇異果等甜酒。在日本，各家庭所製造之各種水果酒，也算是水果甜酒。

WILLIAM PEAR BRANDY
（梨子香甜酒—法國ARDINET）
酒精濃度40度、糖度5%

LIQUEUR DE POIRE
（梨子香甜酒—法國GUYOT牌）
酒精濃度30度、糖度17%

MIDORI
（綠色哈蜜瓜香甜酒—日本山多利牌）
酒精濃度23度、糖度21%以上

MELON LIQUEUR
（哈蜜瓜香甜酒—荷蘭波斯牌）
酒精濃度24度、糖度24%

HERMES MELON LIQUEUR
（海爾梅斯哈蜜瓜香甜酒）
酒精濃度22度、糖度45%

BANANA JUNGLE
（香蕉香甜酒—法國CUSEZIER）
酒精濃度20度、糖度26%
顏色為綠色，有香蕉的風味

CREME DE BANANA
（BARDINET香蕉香甜酒）
酒精濃度20度、糖度26%

HERMES BANANA
（海爾梅斯香蕉香甜酒）
酒精濃度25度、糖度47%

DITA LITCHI LIQUEUR
（荔枝香甜酒—法國狄達出品）
酒精濃度24度、糖度25%

MALIBU
（瑪利布椰子香甜酒）
酒精濃度24度、糖度20%

RIO COCO
（利奧椰子香甜酒）
酒精濃度21度、糖度30%

COCONUT PASSION
（椰子百香果甜酒）
酒精濃度19.5度、糖度28.8%
椰子與百香果調和釀成

SOUTHERN COMFORT
（南方安逸水果香甜酒—美國）
酒精濃度40度、糖度12%
調和了數十種水果之風味

WATERMELON LIQUEUR
（西瓜甜酒）
酒精濃度19.5度、糖度20%
以西瓜釀成的香甜酒

HERMES GREENTEA LIQUEUR
（海爾梅斯綠茶甜酒）
酒精濃度25度、糖度47%
加了綠茶的香甜酒

HERMES STRAWBERRY LIQUEUR
（海爾梅斯草莓甜酒）
酒精濃度23度、糖度40%

杏子(amarette)系

以杏核為原料，因亦有杏仁之香味，所以也被稱為杏仁香甜酒。Noisette則為榛栗子香甜酒。

AMARETTO DI SARONNO
（沙洛諾杏仁甜酒—義大利）
酒精濃度28度、糖度26%

NOISETTE (hazelnut)
（榛栗子香甜酒—法國MB牌）
酒精濃度25度、糖度33.8%

可可甜酒(Cacao)

有巧克力風味的可可甜酒，及有咖啡芳香風味的咖啡甜酒被當成餐後酒飲用。

CREME DE CACAO
（可可香甜酒—法國CUSENIER）
酒精濃度25度、糖度40%

HERMES CACAO
（海爾梅斯可可甜酒）
酒精濃度25度、糖度47%

HERMES WHITE CACAO
（海爾梅斯白可可甜酒）
酒精濃度25度、糖度47%

TIA MARIA
（迪亞・瑪麗亞咖啡香甜酒）
酒精濃度26.5度、糖度36.8%
咖啡甜酒之名品

KAHLUA COFFEE LIQUEUR
（卡魯哇咖啡甜酒）
酒精濃度26度、糖度45%

特殊甜酒

BAILEYS ORIGINAL IRISH CREAM
（貝里斯可可奶油香甜酒—愛爾蘭產）
酒精濃度17度、糖度21%
在愛爾蘭威士忌內調入奶油

ADVOCAAT(蛋黃)
（蛋黃香甜酒—荷蘭波斯牌）
酒精濃度15度、糖度29%
在白蘭地內加入蛋黃、香草(vanilla)後蘊釀成熟

探訪雞尾酒的世界

電影中所描述的雞尾酒

影片中有描述到雞尾酒的電影不在少數，其中當然少不了湯姆克魯斯所主演的知名電影「雞尾酒」。從影片當中，湯姆克魯斯既不打蝴蝶領結、且使用和日本不同的波士頓式雪克杯的情形可知，日本對於酒吧、酒保的印象似乎與美國有所差距。

也許飯店的酒吧很講求氣派，但街頭上酒吧的氣氛卻和日本的居酒屋類似，少有像湯姆克魯斯這般隨性地甩著酒瓶，像在表演特技般地調製雞尾酒的情況。影片中，包括在台詞中提到的酒名在內，一共出現了三十多種雞尾酒，其中最令人印象深刻且引人遐思的是「高潮(ORGASM)。」

而在影片「卡薩布蘭加」中，有一幕非常有名的場景，即亨利柏格深情地凝視著英格麗褒曼，並舉起香檳雞尾酒低聲道：「為妳的雙眸乾杯！」。

「七年之癢」中，瑪麗蓮夢露在特大杯的馬丁尼中加入砂糖後暢飲之；「借你公寓的鑰匙」中，傑克雷蒙酩酊大醉的玩弄著馬丁尼的雞尾酒小叉子。在達斯汀霍夫曼主演的「畢業生」及戰爭電影「M・A・S・H」中也有馬丁尼出現。007情報員詹姆士龐德也非常喜歡馬丁尼。他喝馬丁尼的方式非常獨特，不是用攪拌(STIR)的方式，而是用雪克(SHAKE)的方式，故而引起頗多爭議。

「酒與玫瑰的日子」是一部描述不會喝酒的妻子被勸喝下亞歷山大(Alexander)後，引起酒精中毒的電影。此外，以雞尾酒為片名的電影，尚有梅爾吉勃遜主演的「龍舌蘭日出」(Tequila Sunrise)。台譯「破曉時刻」。

使香檳雞尾酒一舉成名的電影「卡薩布蘭加」。華納家庭電影提供。

士兵們享用馬丁尼的電影「M.A.S.H」。福斯家庭娛樂事業提供。

湯姆克魯斯主演的「雞尾酒」。菲納比斯特家庭娛樂事業提供。

標準雞尾酒

103

處方計量單位

1tsp. 1茶匙,約5ml

1dash 以苦酒瓶自然撒出5~6滴,約1 ml

琴酒起源於十七世紀，一位荷蘭的醫生席爾貝斯博士，將juniper berry（杜松子的果實）浸泡在烈酒中並經過蒸餾後當成退燒藥在藥局販賣。其美味馬上令患者蜂擁而至，喝下此退燒藥後不但可以退燒，而且會變得滿臉通紅。後來引進英國，受歡迎的程度有如引起社會問題一般，英國因而成為新的主要產地。

在雞尾酒的基酒當中，琴酒是最普遍的，且種類也相當多。但因有其獨特的苦味，所以近來有被不帶苦味的伏特加取代的傾向。但以馬丁尼為代表，琴酒獨特的香味仍可以說是雞尾酒基酒之王者。大致上可將琴酒分類為荷蘭產的具有傳統風味的Geneva、及英國產的辛口琴酒(Dry Gin)，辛口琴酒是現代琴酒的主流。

Alaska
阿拉斯加

法國南方修道院以各種藥草製成的香甜酒－沙特勒茲所發出之沁涼的香味與刺激。

調 法

辛口琴酒(Dry Gin) 45ml
沙特勒茲(黃)(Chartreuse) 15ml
1.將材料雪克。
2.倒入雞尾酒杯。

★重點 可依個人喜好加1~2撒的橙皮苦酒或噴些檸檬皮油。但必須使用充份冰過的琴酒，且沙特勒茲酒不可過量。亦可用攪拌(STIR)之方式調製。因酒精濃度相當高，喝第一口時需注意。

●關於酒名 大約在一百年前，以雞尾酒書籍而聞名的倫敦“撒伯依”旅館之哈里・克拉德克所想出的。

◆變化 將沙特勒茲換成綠色的，則成為「綠色阿拉斯加」，最近亦頗受歡迎。令人稍感孤寂的綠色，有阿拉斯加的味道。

Alexander's Sister

亞歷山大之妹

薄荷的香味掩蓋了鮮奶油的油膩味，而薄荷巧克力清涼的口感，令人不由得想陶醉其中。

調 法

辛口琴酒(Dry Gin) 30ml
薄荷酒（綠色）(Greme de Menthe) 15ml
鮮奶油(Fresh Cream) 15ml

1.將材料雪克。
2.到入雞尾酒杯。

★重點 因加入鮮奶油，必需充份雪克。

●關於酒名 由以白蘭地為基酒的「亞歷山大」變化而來。

Aoi Sangosyo

藍色珊瑚礁

櫻桃珊瑚礁，靜靜地沉在藍色薄荷的海底，以檸檬滑過的杯緣，是想像中的岸邊。

調法

琴酒(Gin) 40ml
薄荷酒（綠色）(Green Creme de Menthe) 20ml
檸檬（半顆）.......... 1個
紅櫻桃 1個
薄荷葉 .... 適量

1.將檸檬的切口置於雞尾酒杯緣，輕輕滑過(rinse)。
2.將琴酒與薄荷酒雪克，倒入杯中。
3.讓插著雞尾酒叉子的紅櫻桃沉入杯底，將薄荷葉裝飾在杯緣。

★重點 也可以用碎冰，享受冰鎮薄荷的風味。

●關於酒名 為1950年第二次全日本飲料大賽之優勝作品，作者為名古屋的鹿野彥司先生。布魯克雪德絲也曾主演過一部同名電影，不過兩者並無關係。

Around the World

環遊世界

薄荷的清涼感與鳳梨汁恰到好處的酸味，
是最佳清爽的組合。

調 法

辛口琴酒(Dry Gin) 40ml
薄荷酒（綠色）(Green Creme de Menthe) 10ml
鳳梨汁 10ml
綠薄荷櫻桃 .... 1 個

1.將琴酒、薄荷酒、鳳梨汁搖勻。
2.倒入雞尾酒杯，將薄荷櫻桃裝飾在杯緣。

★重點 薄荷有助消化，因此可以在餐後或消化不良時飲用。

●關於酒名 在環繞世界航路開航時，所舉辦之創作雞尾酒大賽中的優勝作品。予人深刻印象的翡翠綠(emerald green)，令人想起大地之綠與海洋之美。

Bronx

布朗克斯

在美國是頗受歡迎的聖誕飲料。柳橙汁與琴酒、
苦艾酒是絕妙的組合。

調 法

辛口琴酒(Dry Gin) .... 30 ml
辛口苦艾酒(Dry Vermouth) .... 10 ml
甜口苦艾酒(Sweet Vermouth) .... 10 ml
柳橙汁 .... 10 ml

1. 將材料雪克。
2. 倒入雞尾酒杯。

★重點 雪克時不要太過用力。

●關於酒名 布朗克斯位於紐約北部，有著名的動物園，經常出現在電影或小說中。本酒可能是在禁酒時代，為了飲用密造之粗劣的琴酒而想出的方法。

◆變化 其他尚有只選用辛口苦艾酒的Bronx Dry、加了蛋黃的Gold Bronx、加了蛋白的Silver Bronx、及使用鳳梨汁的Bronx Pineapple等。

Emerald
紅寶石

別名Bijou(寶石)，如同自地底深處所挖出之礦石般，發出含蓄的光芒，恰似紅寶石般的櫻桃，悄悄地露出她容顏。

調法

- 辛口琴酒(Dry Gin) 20ml
- 甜口苦艾酒(Sweet Vermouth) 20ml
- 沙特勒茲酒(綠)(Chartreuse) 20ml
- 橙皮苦酒(Orange bitters) 1滴
- 紅櫻桃 1個
- 檸檬皮 1個

1.將辛口琴酒、苦艾酒、沙特勒茲、橙皮苦酒攪拌。
2.倒入雞尾酒杯。
3.將酒味櫻桃插上雞尾酒叉子，擠入檸檬皮油。

★重點 可以讓紅櫻桃直接沉入杯底，或切半裝飾在杯緣。

●關於酒名 又稱Bijou(寶石)、Amber(琥珀)、Dream(夢想)、Golden Glow(金色光輝)、Jewel(寶石)等。

Earthquake
地震

混合了三種高酒精濃度的酒，是辛口的烈酒。暢飲三杯後，地球大概就開始旋轉了。

調法

- 辛口琴酒(Dry Gin) .... 20 ml
- 威士忌(Whisky) .... 20 ml
- 貝魯諾(Pernod) .... 20 ml

1. 將材料雪克。
2. 倒入雞尾酒杯。

★重點 Pernod(茴香藥酒)是Absinthe(苦艾藥酒)的替代品。但若有苦艾藥酒時，則最好使用苦艾藥酒。

●關於酒名 Earthquake是地震的意思。因為酒精濃度高，喝下後身體會為之搖晃。由於材料是苦艾藥酒、琴酒、威士忌，所以別稱為Ab-gin-sky。

French 75

法式75釐米砲

發出火花的香檳大砲，
將要襲擊誰的心靈？

調法

辛口琴酒(Dry Gin) 45ml
檸檬汁 20ml
砂糖 1茶匙
香檳.(Champagne) .... 適量

1.將香檳以外的材料雪克,倒入可林斯杯。
2.加水,倒滿冰過的香檳。

★重點 注意倒入杯中的順序不要弄錯。

●關於酒名 是第一次世界大戰中，法國所製造之口徑為75釐米大砲的名稱。在當時為最新式武器，而本酒即是為了慶祝這種武器的研發成功而在巴黎誕生的。滑入喉嚨時，香檳的火花四散，熱力十足。

◆變化 將基酒換成波本威士忌就是法蘭西95，換成白蘭地則為法蘭西125，大砲有越來越大的感覺。

Gibson

吉普森

琴酒與苦艾酒攪拌後，
加入雪白的雞尾酒珍珠蒜(Pearl onion)，
有如冷淡的吉普森女孩。

調法

辛口琴酒 .... .50ml
辛口苦艾酒 50ml
雞尾酒珍珠蒜(pearl onion)
.... 1個

1.將材料置入調酒杯後攪拌。
2.倒入雞尾酒杯。
3.將珍珠蒜插上雞尾酒叉子，置入杯底。可以視個人喜好榨入檸檬皮油。

★重點 亦可加入兩個珍珠蒜。另外，以雪克方式可以調製出清新的口感。

●關於酒名 1890年代，美國有一位專畫白衣女孩而受到歡迎的畫家－查爾士・達那・吉普森喜愛此酒，故而得名。另外亦有一說，禁酒主義者的美國大使吉普森，在舞會上將珍珠蒜放入裝了水的杯中，佯裝成在喝雞尾酒的樣子而得名。

◆變化 將基酒換成伏特加，則為「伏特加吉普森」，亦頗受歡迎。

Gin Buck
琴巴克

以薑汁汽水(gingerale)及檸檬汁消除琴酒之澀味，有清新暢快的口感。

調 法

辛口琴酒(Dry Gin) .... 45 ml
檸檬汁 .... 20 ml
薑汁汽水(Gingerale) .... 適量

1. 將冰塊置入無腳酒杯中。
2. 將琴酒及檸檬汁倒入無腳酒杯內。
3. 倒滿冰過的薑汁汽水後，輕輕攪拌。亦可用檸檬片或紅櫻桃等裝飾。

★重點 注意檸檬汁與薑汁汽水之均衡，勿加入過量。

●關於酒名 別名「London Buck」。Buck是在基酒內加入檸檬汁及薑汁汽水之酒型。

◆變化 將基酒的琴酒換成白蘭地或蘭姆酒的「Brandy Buck, Rum Buck」亦相當有名。

Gin & It
琴苦艾

義大利苦艾酒之甘香為傳統馬丁尼之原形。

調 法

辛口琴酒(Dry Gin) 30ml
甜口苦艾酒(Sweet Vermouth) 30ml

1. 依杜松子酒、甜口苦艾酒之順序倒入雞尾酒杯。

★重點 此酒是在尚未發明製冰機的十九世紀中葉誕生的，所以原來琴酒和苦艾酒都是以常溫調製，但近來亦常以攪拌方式製作。

●關於酒名 別名Gin Italian。It為Italian Vermouth之簡寫。因為從前義大利主要是生產甜口的苦艾酒，而法國是生產辛口的苦艾酒。

◆變化 將苦艾酒換成辛口即為「Gin & French」。當然馬丁尼也是變化之一。

口感 ● 不甜
TPO ● 全天
製法 ● 直調

Gin Rickey
琴利奇

是無甜味爽口的酸辣雞尾酒。其關鍵所在即是清新的萊姆。

調法

辛口琴酒(Dry Gin) 45ml
萊姆(Lime) 1/2個
蘇打水(Soda) .... 適量

1.將萊姆汁壓擠入無腳酒杯後，連皮置入杯內。
2.加入冰塊後將琴酒倒入，加滿冰過的蘇打水。
3.放入調棒。

★重點 以調棒擠壓萊姆片，調整自己所喜好之酸度。

●關於酒名 別名「The Rickey」。Rickey是雞尾酒的型態之一，與十九世紀末美國一位名為Rickey的男子有關，但場所及人物為何？則眾說紛云。

◆變化 亦可以將基酒換成威士忌、蘋果白蘭地或蘭姆酒等各種烈酒或甜酒。

口感 ● 稍甜
TPO ● 全天
製法 ● 直調

Gin & Tonic
琴湯尼

簡單的成份恰可顯示調酒師的功力。入喉時的清爽感使其永遠受到歡迎。

調法

辛口琴酒(Dry Gin) 45ml
通寧水(Tonic Water) .... 適量

1.將冰塊置入無腳酒杯中。
2.將琴酒倒入無腳酒杯，並加滿冰通寧水後，輕輕攪拌。亦可依喜好裝飾萊姆片或檸檬片。

★重點 看似簡單，但仍有許多如通寧水與琴酒之比例、品牌、酒杯、溫度等主觀的要素。調出屬於自己的風格吧！

●關於酒名 通寧水(Tonic Water)獨特的香味是由所含之奎寧(金雞納之樹皮成份)而來。據說在英國殖民時代，熱帶地區為了預防瘧疾而飲用此種通寧水。

◆變化 亦常將基酒換成蘭姆酒、龍舌蘭或伏特加。換成龍舌蘭酒則稱為Tequil a Tonic(提吉拉湯尼)亦稱Tequonic(提哥尼)或T.N.T.。

Million Dollar
百萬美元

鳳梨酸甜的風味加上苦艾酒
淡淡的苦味，構成奢華的氣氛，
令人垂涎。

調法

辛口琴酒(Dry Gin)	36ml
甜口苦艾酒(Sweet Vermouth)	12ml
鳳梨汁	12ml
紅石榴糖漿(Grenadine Syrup)	1茶匙
蛋白	1個
鳳梨片	適量
紅櫻桃	1個

1.將材料充份雪克。
2.倒入碟型香檳杯中。
3.將鳳梨片及紅櫻桃裝飾在杯緣。

★重點 據說是大正時代的日本酒保先驅－濱田昌吾，在橫濱NEW GRAND HOTEL創造出目前之型態，而推廣至世界各地。

●關於酒名 百萬美元，在從前是奢侈的代名詞。

Knock-out
擊倒

不經心喝過量時，後果如同被擊倒般。
貝魯諾(Pernod)之風味獨特，
酒量好的人一定要挑戰一下。

調法

辛口琴酒(Dry Gin)	20ml
辛口苦艾酒(Dry Vermouth)	20ml
貝魯諾(Pernod)	20ml
薄荷酒（白色）(White Pappermint)	1茶匙

1.將材料雪克。
2.倒入雞尾酒杯。

★重點 加入貝魯諾時，搖酒器中之氣味較難去除。此時在搖酒器中加入檸檬汁及4~5塊冰塊雪克即可去除。

●關於酒名 據說本酒是在挑戰世界重量級拳王傑克坦普西，而漂亮地將拳王擊倒獲勝的金塔尼之慶功宴上所調製出的。別名為Knock Down Cocktail。

Orange Blossom
橙花

橙花之花語為「純潔」。在結婚喜宴上當成開胃酒，為琴酒版之螺絲起子。

調法

琴酒(Gin) ...... 40 ml
柳橙汁 ...... 20 ml
1. 將材料搖勻。
2. 倒入雞尾酒杯。

★重點 即使更改琴酒的份量，味道亦不會有變化，所以濃淡皆可。亦可以加入碎冰或蘇打水。

●關於酒名 指「柳橙之花」。據說是起源於禁酒法今時代的美國，為了消除密造粗劣之琴酒的味道而加入柳橙，而如今則是為結婚喜宴增色的快樂雞尾酒。

Negroni
雷格尼

苦艾酒為略帶苦味的金巴利酒
增添甘甜的風味，是優雅的
伯爵餐前的開胃酒。

調法

辛口琴酒(Dry Gin) 30ml
金巴利酒(Campari) 30ml
甜口苦艾酒(Sweet Vermouth) 1茶匙
柳橙片 1片
1. 在老式威士忌杯中加入冰塊。
2. 將柳橙片以外的材料倒入杯中攪拌。
3. 裝飾柳橙片。

●關於酒名 源於義大利貴族美食家卡米羅雷格尼伯爵，喜歡在佛羅倫斯的卡索尼餐廳，將此雞尾酒當成開胃酒飲用而得名的。此餐廳之酒保在1962年，徵得伯爵的許可後將之發表出來。

Paradise
天堂樂園

杏仁與柳橙相遇，蘊育出有如新種的水果般清新的芳香與味道。

調法

辛口琴酒(Dry Gin) .... 30 ml
杏子香甜酒(Apricot Brandy) .... 15 ml
柳橙汁 .... 15 ml

1. 將材料雪克。
2. 倒入雞尾酒杯。

★重點 若喜好甜味則使用等量之材料，若喜好苦味則加重琴酒份量。

●關於酒名 Paradise為樂園之意。

Parisian
巴黎戀人

黑醋栗香甜酒與苦艾酒所產生之甘甜芳香與濃厚的口感，恰似巴黎的戀人。

調法

辛口琴酒(Dry Gin) .... 20 ml
辛口苦艾酒(Dry Vermouth) .... 20 ml
黑醋栗香甜酒(Creme de Cassis) .... 20 ml

1. 將材料雪克。
2. 倒入雞尾酒杯。

★重點 因含有促進食欲之成份，非常適合當成飯前酒。

●關於酒名 代表法國之甜酒—黑醋栗香甜酒給人有點矯揉造作之巴黎人的印象。

Pink Gin

粉紅琴酒

辛口的琴酒加上少許苦味酒，是純粹 ”內行人”的雞尾酒。名字很可愛，但卻是適合男性飲用的酒。

調法

琴酒(Gin) 60ml
苦酒(Angostura Bitters) .... 2～3滴

1.將材料雪克。
2.倒入雞尾酒杯。

●關於酒名　因用藥草苦味酒(angostura bitters)將琴酒調成淡粉紅色而得名。據說原來是為了使藥容易入口而調製的。

◆變化　將藥草苦味酒換成橙皮苦酒(Orange bitters)為「Yellow Gin」。另外，先以苦味液潤濕雪莉杯後，將剩餘部份倒掉，再倒滿冰過的琴酒即為「Gin Bitters」，亦相當有名。最近，使用威士忌杯，以on-the-rocks(倒入裝冰塊的老式威士忌杯)方式飲用的人也增加了。

Pink Lady

紅粉佳人

紅石榴糖漿的甜味與蛋白的滑潤感，是永遠受女性歡迎的長期暢銷品。

調法

辛口琴酒(Dry Gin) 45ml
紅石榴糖漿(Grenadine Syrup) 15ml
檸檬汁 1滴
蛋白 1個

1.將材料充份雪克。
2.倒入碟型香檳杯或大型雞尾酒杯。

★重點　因加了蛋白，故必須用力充份地搖勻。另外，紅石榴糖漿之顏色因品牌而異，因此為了調製出漂亮的粉紅色，先加入少許，在搖勻之前做調整。

●關於酒名　1912年在倫敦非常賣座之舞台劇「紅粉佳人」的慶功舞會中，女主角黑潔爾朵恩所持之雞尾酒為；1944年，在名為「生日快樂」的舞台劇中，美國名女演員海倫赫茲喝下此種雞尾酒，跳躍出場等，與舞台有很深的淵源。

Royal Clover Club

皇家富豪俱樂部

美食當前，代替湯品的清淡雞尾酒。

調法

辛口琴酒(Dry Gin) 36ml
紅石榴糖漿(Grenadine Syrup) 12ml
萊姆或檸檬汁 12ml
蛋黃 1個

1. 將材料充份雪克。
2. 倒入碟型香檳杯。

●關於酒名 代替晚餐之開胃菜或湯汁之club cocktail的代表。

◆變化 將蛋黃換成蛋白，稱為富豪俱樂部「Clover Club」，較為普遍。再裝飾上葉片，則為「Clover Leaf」。

Tom Collins

湯姆可林斯

清淡甘甜的可林斯碳酸酒，可以使用任何一種基酒。與可林斯兄弟們乾杯！

調法

辛口琴酒(Dry Gin) 60ml
檸檬汁 20ml
糖漿 2茶匙
蘇打水(Soda) .... 適量
檸檬片 1片

1.將琴酒、檸檬汁、糖漿搖勻，倒入可林斯杯。
2.加入冰塊，倒滿蘇打水，輕輕攪拌。
3.裝飾檸檬片。

★重點 從前大多使用老湯姆琴酒Old Tom Gin。此時口味變甜，因此使用糖漿須減少。

●關於酒名 起源於19世紀時，倫敦酒保約翰可林斯以荷蘭琴酒調製成約翰可林斯「John Collins。」，但因以老湯姆琴酒Old Tom Gin為基酒較受歡迎，因此改Tom Collins。現在的John Collins則是以威士忌為基酒。

◆變化 除了John Collins外，以波本威士忌為基酒，則為Kernel Collins；用蘭姆酒則為Petro Collins；用白蘭地為Pale Collins。如果以燒酒為基酒，那是不是也可以叫做太郎可林斯……。

Yokohama

橫濱

柳橙汁使辛口琴酒、伏特加變好喝了，
為港都雞尾酒之代表。

調法

- 辛口琴酒(Dry Gin) 20ml
- 伏特加(Vodka) 10ml
- 柳橙汁 20ml
- 紅石榴糖漿(Grenadine Syrup) 10ml
- 貝魯諾(Pernod) 1滴

1. 將材料雪克。
2. 倒入雞尾酒杯。

★重點　本酒流行於1920年代，當時人們喜愛搭乘大型客船做船舶之旅，是以受歡迎的港口為名的雞尾酒之一。和紐約、上海同為大受歡迎之名作。

●關於酒名　作者與創作年代皆不詳。也許是由停泊於橫濱之外國客船上之酒吧所創作出的也說不定。

口感	●	稍甜
TPO	●	全天
製法	●	雪克

口感	●	微甜
TPO	●	全天
製法	●	雪克

White Lady

美白佳人

想在穿著白色洋裝的日子裡飲用，是清淡爽口又百喝不膩的琴酒版Sidecar(加掛機車)。

調法

- 辛口琴酒(Dry Gin) 30ml
- 君度橙皮酒(Cointreau) 15ml
- 檸檬汁 15ml

1. 將材料雪克。
2. 倒入雞尾酒杯。

★重點　亦可以用無色橙皮酒代替君度橙皮酒。

●關於酒名　1919年創作於倫敦時，原是以薄荷酒為基酒，至1925年開始以琴酒為基酒。

艾德馬克邊之87分署系列—「警官討厭」中，出現了Tom collins。犯人因想殺掉主角克雷拉，故而侵入主角的聾啞女友狄蒂的家中，等待克雷拉的到來。犯人叫狄蒂沖泡飲料時說道「有沒有琴酒？有沒有tonic water？沒有嗎？那club soda呢？好！那就調Tom Collins吧……」狄蒂在高腳杯中，倒入雙人份的琴酒。用茶匙放入砂糖，將檸檬切成兩半，全部擠入杯中。將club Soda倒入杯中至八分滿，回到冰箱拿冰塊。

「再調一杯妳自己的。」

狄蒂搖頭拒絕。

「我叫妳調一杯妳自己的！我不喜歡一個人喝酒！」

但是，狄蒂將自己的Tom Collins往門上丟去，因而讓克雷拉知道緊急狀況，救了狄蒂。

　要喝威士忌，就要喝純威士忌，或是加冰塊，再不然就是加水，若是把芳醇的蘇格蘭威士忌調成雞尾酒，那就太不像樣了！有這種想法的威士忌愛好者應該不少吧！當然，熟成多年的威士忌是烈酒中之至寶，而威士忌調成的雞尾酒則沒有那麼受歡迎。

　威士忌之起源是在中世紀的愛爾蘭，將當地所產之啤酒蒸餾製成烈酒。流傳到蘇格蘭後，為了逃避嚴格的稅徵而在山間密造。那時烘乾大麥麥芽是使用山上泥煤，另外蒸餾製成的烈酒，置於使用過的雪莉桶內藏起來，卻因此產生了目前之琥珀色而有熟成感的威士忌。後來，威士忌流傳到了世界各地，而其主要產地有五個：蘇格蘭、愛爾蘭、美國、加拿大及日本，其風格各有不同。

God-Father
教父

想像自己是馬龍白蘭度，舉起酒杯，
感受那甘甜的杏仁芳香。

調 法

威士忌(Whisky) 45ml
杏仁香甜酒(Amaretto) 15ml
1.將冰塊放入老式威士忌杯。
2.將材料倒入杯中攪拌。

★重點 阿瑪雷托是以杏核為原料製成之甜酒。因有杏仁的香味。故也稱杏仁甜酒(Amaretto Liqueur)。

●關於酒名「教父」指替給小孩命名之神父，隱喻為如義大利黑手黨(Mafia)等之幕後人物。是義大利之名產甜酒，也許這就是從阿瑪雷托酒聯想出來的吧！

◆變化 將基酒換成伏特加，為「God-Mother」。

馬龍白蘭度主演之「教父」。CIC VICTOR VEDIO提供。

John Collins

約翰可林斯

據說是名酒保約翰可林斯所創，
是倫敦人所喜愛之
精緻清爽的悠閒飲料。

調法

- 威士忌(Whisky) 60ml
- 檸檬汁 20ml
- 砂糖 2茶匙
- 蘇打水(Soda) .... 適量
- 檸檬片 1片
- 紅櫻桃 1個

1. 將威士忌、檸檬汁、砂糖搖勻，倒入可林斯杯。
2. 加入冰塊，倒滿蘇打水，輕輕攪拌。
3. 將檸檬片、紅櫻桃插上雞尾酒籤後裝飾。

★重點　若使用波本威士忌，有時亦稱Kemel Collins。

●關於酒名　以琴酒為基酒的Tom Collins最初雖名為John Collins，但現在則是以稱威士忌為基酒之雞尾酒的名稱。

Irish Coffee

愛爾蘭咖啡

慢慢地品嘗咖啡與威士忌結合為一體的
魔力，會從體內輕輕的暖和起來。

調法

- 愛爾蘭威士忌(Irish Whiskey) 30ml
- 細冰糖（咖啡糖） 1茶匙
- 咖啡（熱濃咖啡） .... 適量
- 鮮奶油(Fresh Cream) .... 適量

1. 將砂糖放入溫過的咖啡杯、葡萄酒杯或無腳酒杯。
2. 倒入咖啡至七分滿，加入威士忌後輕輕攪拌。
3. 加入0.3公分左右之發泡的鮮奶油，使之漂浮在上層。

●關於酒名　當橫越大西洋的飛機停靠在愛爾蘭機場時，為了在冬天替乘客消除寒意而提供的飲料。

◆變化　以蘇格蘭威士忌為基酒時為Gallic；以洋芋蒸餾酒為基酒時為Scandinavian；以蘋果白蘭地(Calvados)為基酒時，則為Monday；以干邑白蘭地(Cognac)為基酒時為Royal。

New York

紐約

點綴大都會的鮮豔色彩中，隱約的甘
苦使人感受到人生之精髓。

調法

裸麥威士忌
(Rye Whisky) 45ml
萊姆汁(Lime juice) 15ml
紅石榴糖漿 1/2茶匙
砂糖 1茶匙

柳橙皮
1.將材料雪克。
2.倒入雞尾酒杯。
3.噴入柳橙皮油。

★重點 亦可使用波本威士忌，注意紅石榴糖漿的用量，避免顏色過紅。

●關於酒名 表現出紐約之色彩，有如夜晚的霓虹，亦如朝陽亦似夕陽。

Rusty Nail

銹釘

蘇格蘭威士忌組合所產生
之厚重的口感，
連內行人也禁不住誘惑。

調法

威士忌(Scotch) .... 30 ml
吉寶液(Drambuie) .... 30 ml
1.在威士忌杯中加入冰塊。
2.將材料倒入杯中攪拌。

★重點 吉寶液(Drambuie)是以蘇格蘭威士忌製成之歷史最古老的甜酒。內含蜂蜜與藥草。據說亨利伯格菲很喜歡此種甜酒。

●關於酒名 「Rusty Nail」是生銹的釘子或古老的意思。也許是從其紅褐的酒色或味道聯想出來的吧！

Whisky Toddy

威士忌托迪

有點甜之加水威士忌，
也可以溫熱後飲用。

調法

- 威士忌（Scotch）........ 45ml
- 砂糖 1茶匙
- 水（礦泉水）........ 適量
- 檸檬片 2片

1. 將砂糖放入無腳酒杯，用少量的水使之溶解。
2. 倒入威士忌，加滿冷水。
3. 裝飾檸檬片。

★重點 用熱水則為Hot Whisky Toddy。也有酒保先將砂糖溶解，再分別倒入威士忌與冷水，視飲用者之喜好調製。

●關於酒名 Toddy此為雞尾酒之型態，指烈酒加水或熱水。

◆變化 基酒也可以換成白蘭地、琴酒或龍舌蘭等。

Whisky Sour

威士忌沙瓦

華麗的酸味與含蓄的甜味，
適合任何一種烈酒。

調法

- 威士忌(Whisky) 45ml
- 檸檬汁 20ml
- 砂糖 1茶匙
- 柳橙片 .... 1/2 片
- 紅櫻桃 1個

1. 將威士忌、檸檬汁、砂糖雪克。
2. 倒入沙瓦杯，裝飾柳橙片及紅櫻桃。

★重點 可依喜好加入少量蘇打。

◆變化 亦可用白蘭地、琴酒、蘭姆酒或龍舌蘭等烈酒為基酒。

曾有鍊金術師們夢到黃金，故而將所有的東西蒸餾，也不知道是誰想到要將酒蒸餾的。後來，發現將蒸餾過的酒再儲存在木桶裡，經過長時間蘊釀成熟後，會產生馥郁芳香的新酒，名為白蘭地，誕生地為法國，其代表產地為干邑與雅馬邑。當然，現在要是可以種植葡萄的地方都有生產。此外，從葡萄榨取製作葡萄酒用的汁液後，將其渣滓再發酵之成品稱為「渣釀白蘭地」，在法國稱為Marc，在義大利稱為Grappa。以蘋果製成蘋果白蘭地，在法國稱為Calvados。各種水果白蘭地中，亦有未經過木桶蘊釀成熟的階段，而仍然保持無色透明者。

American Beauty

美國佳麗

美國佳麗雖有很好的口感。
在波特葡萄酒的陪襯中，
卻帶有薄荷的刺激感。

調法

- 白蘭地(Brandy) 15ml
- 辛口苦艾酒(Dry Vermouth) 15ml
- 紅石榴糖漿 15ml
- 柳橙汁 15ml
- 薄荷酒(白色)(White pappermint) 1滴
- 波特葡萄酒(Port) .... 適量

1.將波特葡萄酒以外之材料雪克。
2.倒入雞尾酒杯。
3.倒入少量波特葡萄酒漂浮在上層。

★重點 紅石榴糖漿與薄荷酒之均衡相當重要。

◆關於酒名 為薔薇之品種之一。華盛頓區之象徵花。

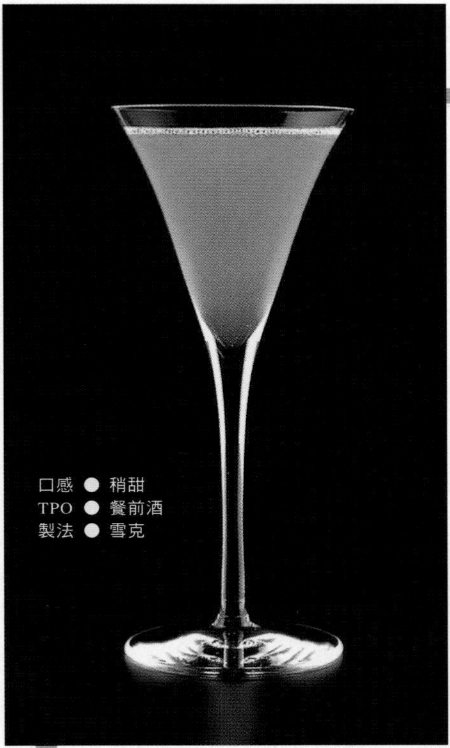

Between the Sheets

床第之間

醉倒在橙皮酒的甘甜芳香中，
床第之間又算什麼呢？

調 法

白蘭地(Brandy) 20ml
無色蘭姆酒（White Rum）20ml
無色橙皮酒
(White Curacao) 20ml
檸檬汁 1茶匙
1.將材料雪克。
2.倒入雞尾酒杯。

★重點 檸檬汁會緩和白蘭地之刺激感，使味道柔和。無色橙皮酒最好使用君度橙皮酒(Cointreau)。

●關於酒名 此名稱有「到床上來」的意思。酒如其名，是非常受歡迎的睡前酒。

B & B

依倒入順序之不同，可以有兩種
飲用的方法。濃厚的風味
亦有各種品嚐方法。

調 法

白蘭地(Brandy) 15ml
班尼狄克汀(Benedictine) 15ml
1.將白蘭地倒入白蘭地杯或甜酒杯。
2.倒入貝來狄酒。

★重點 兩種酒因比重之不同先倒入白蘭地則自然的混合在一起。先倒入班尼狄克汀則為pousse-cafe（彩虹酒）。班尼狄克汀是16世紀之Benedict派修道院所製成厚重甘甜之甜酒。

●關於酒名 由白蘭地與班尼狄克汀之字首而來。

Brandy Egg Nogg
白蘭地蛋酒

美國南部之聖誕節飲料。
世界有名之舞會飲料。
營養充份，亦非常適合消除疲勞時飲用。

調法

白蘭地(Brandy) 30ml
深色蘭姆酒
(Dark Rum) 15ml
蛋 .... 1 個
砂糖 .... 2 茶匙
牛奶 .... 適量
荳蔻粉 (nutmeg)

1. 將牛奶、荳蔻粉以外之材料充份雪克後，倒入無腳酒杯。
2. 倒滿冰過的牛奶後，輕輕攪拌。
3. 撒上磨碎的荳蔻粉。

●關於酒名 據說Egg Nogg是「Egg and Grog」(蘭姆基酒之熱飲)縮寫為「Egg N Grog」後的再縮寫。

◆變化 基酒有時亦使用各種烈酒或葡萄酒。熱飲時，先將蛋白與蛋黃分別打至起泡。

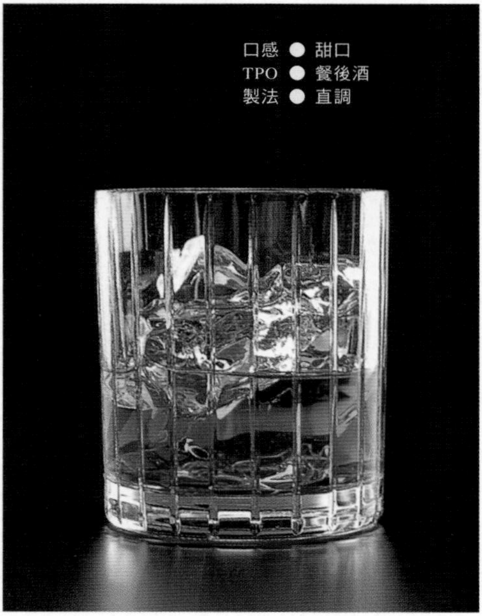

French Connection
法蘭西集團

阿瑪雷托酒所流露出之杏仁芳香，如犯罪般的可疑。

調法

白蘭地(Brandy) 45ml
沙諾諾・阿瑪雷托
(Amaretto di Sarono) 15ml

1. 將冰塊放入老式威士忌杯。
2. 倒入材料攪拌。

★重點 沙諾諾・阿瑪雷托酒為米蘭市郊外所製造之杏仁香甜酒的元祖，是杏核所製成的甜酒。

●關於酒名 指於法國與美國之間走私迷幻藥與海洛因的大走私集團。

Harvard Cooler

哈佛冰酒

檸檬汁與砂糖之酸甜感，
使蘋果白蘭地可口潤喉。

調法

蘋果白蘭地(Calvados) 45ml
檸檬汁 20ml
砂糖 1茶匙
蘇打水(Soda) .... 適量

1.將蘇打水以外的材料雪克，倒入無腳酒杯。
2.加入冰塊，倒滿蘇打水。
3.輕輕攪拌。亦可以視喜好裝飾上檸檬片等。

★重點 烈酒加上柑橘系之果汁、砂糖、蘇打水或薑汁汽水，為Cooler(冰酒)型態的調法。

●關於酒名 一提到哈佛，就令人聯想到美國有名的大學，但由來不明。

口感 ● 微甜
TPO ● 全天
製法 ● 雪克

口感 ● 微甜
TPO ● 全天
製法 ● 雪克

Jack Rose

傑克玫瑰

萊姆的酸味與糖漿的甜味，為蘋果白蘭地增添
酸甜爽口之風味。

調法

蘋果白蘭地(Applejack) ... 30ml
萊姆汁(Lime juice) 15ml
紅石榴糖漿 15ml

1.將材料雪克。
2.倒入雞尾酒杯。

★重點 Applejack為美國產之蘋果白蘭地。

●關於酒名 如同「Rose」之名，給人玫瑰豔麗、馥郁芬香的印象。

Nikolaschka

尼古拉斯加

融合酸甜感與白蘭地風味的雞尾酒，
飲法美麗動人。

調法

白蘭地(Brandy) .... 適量
砂糖 1茶匙
檸檬片 1片

1. 將白蘭地倒入利口杯至九分滿。
2. 將放有砂糖之檸檬片放在杯上。

★重點 正確飲法以檸檬包住砂糖，放入口中，待酸甜感在口中散開時，再喝下白蘭地。

●關於酒名 名稱雖帶有俄羅斯風味，但發祥地卻是德國漢堡。也有一說是，因為俄羅斯皇帝尼古拉二世，喜歡將檸檬與伏特加一起喝下之故。

Olympic

奧林匹克

可惜四年才一次，但柳橙的風味與顏色卻總是清爽亮麗。

調法

白蘭地(Brandy) .... 20 ml
橙色橙皮酒(Orange Curacao) ... 20 ml
柳橙汁 .... 20 ml

1. 將材料雪克。
2. 倒入雞尾酒杯。

★重點 使用柳橙榨出的果汁將會更加美味。

●關於酒名 巴黎里都飯店為了紀念一九〇〇年第二次巴黎奧運而調製出的雞尾酒。

雞尾酒世界之旅

有許多雞尾酒是以世界地名來取名的。先來一杯「環遊世界」(P.101)，再出發做一次小小的世界之旅吧！

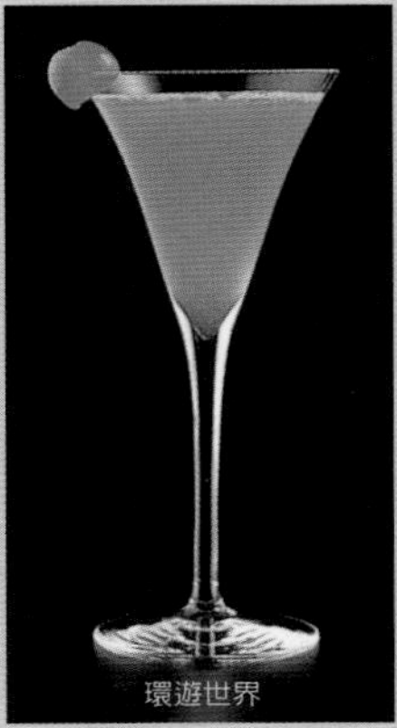
環遊世界

阿拉斯加

最近的是「橫濱」(P.111)。出了橫濱港後，搭上豪華客輪前往「上海」(P.137)。再往南就到了「新加坡司令」(P.14)，輕鬆地悠遊一下吧！從這裡就要一口氣往北飛去了。

終於到了俄羅斯的「莫斯科騾子」(P.127)。「俄羅斯」(P.128)的人們彈奏著「俄羅斯吉他」(P.122)歡迎嘉賓。

布朗克斯

來到丹麥的「哥本哈根」(P.141)後，再越過啤酒之國德國，到法國與「巴黎戀人」(P.108)共渡一段快樂時光。

在義大利觀賞過「貝里尼」(P.63)之畫作後，到西班牙的「瓦倫西亞」(P.147)品嚐柳橙之美味。橫渡大西洋之前，先來一杯「愛爾蘭咖啡」(P.113)暖和一下身體，再一路前往美洲大陸吧！

「紐約」(P.114)是個高樓大廈林立的大都會。但也別忘記「曼哈頓」(P.20)「布朗克斯」(P.101)與「長島冰茶」(P.18)四處遊走，又來到了「波士頓冰酒」(P.131)、「哈佛冰酒」(P.119)，忍住寒意來到「阿拉斯加」(P.99)，現在要往南走了。經過洛磯山脈的「內華達」(P.135)，來到「邁阿密」(P.134)的「佛羅里達」(P.158)，「自由古巴」(P.40)就在眼前了。

巴黎戀人

莫斯科騾子

橫濱

越過太平洋的途中，在「藍色夏威夷」(P.131)休息一下。思念的日本就快到了，最後以「天堂樂園」(P.108)做個結束吧！當然，以地名為名的原創雞尾酒，還多得數不清呢！

伏特加是俄羅斯當地釀產的酒。俄羅斯人最喜歡不摻水咕嚕咕嚕大口的飲用，但其實現在生產最多伏特加的是美國。伏特加傳佈到世界各地之契機是一九一七年的俄羅斯大革命。流亡的俄羅斯人散布世界各地，而流傳出其作法與味道。更值得一提的是，伏特加在雞尾酒的世界中直逼琴酒王座，其原因是以活性碳過濾而產生的質感純，幾乎無味無臭，是可以襯托出其他素材的材料。除了本書中所介紹的之外，伏特加馬丁尼、伏特加螺絲起子等也相當受歡迎，另外，以白色烈酒為基酒的雞尾酒，也可以換成伏特加。史密諾夫、尼古拉等品牌有很濃厚的俄羅斯風味，但其實是美國產的。冷戰時代因蘇聯解體而結束，但在雞尾酒的世界裡卻似乎有越演越烈的趨勢。

Balalaika

俄羅斯吉他

無色橙皮酒與檸檬汁合奏
出一曲清脆的舞曲。

調 法

伏特加(Vodka) 30ml
無色橙皮酒(White Curacao) 15ml
檸檬汁 15ml

1.將材料雪克。
2.倒入雞尾酒杯。

★重點 亦可以噴些檸檬皮油。酒力較差的人，則可使用酒精濃度較低的伏特加。

●關於酒名 巴拉萊卡是類似吉他的俄羅斯民族樂器。電影「齊瓦哥醫生」中曾經使用過，在日本也很有名。

照片：「齊瓦哥醫生」。
華納家庭影視提供。

Barbara

芭芭拉

以伏特加為基酒之亞歷山大。可可酒與鮮奶油產生巧克力般滑潤的風味。

調法

伏特加(Vodka) …………… 30 ml
可可酒(Creme de Cacao) …………… 15 ml
鮮奶油(Fresh Cream) …………… 15 ml

1. 將材料充份雪克。
2. 倒入雞尾酒杯。

★重點　將鮮奶油充份雪克，最後撒上荳蔻粉，可以消除鮮奶油的生腥味。

●關於酒名　「芭芭拉」是女性人名。使用鮮奶油調製的雞尾酒有很多是以女性人名為名的。別名為「Russian Bear」。

口感 ● 甜口
TPO ● 餐後酒
製法 ● 雪克

口感 ● 微甜
TPO ● 全天
製法 ● 直調

Black Russian

黑色俄羅斯

咖啡風味與甜酒之甜味相當可口，但酒精度數較高。

調法

伏特加(Vodka) …………… 40 ml
咖啡香甜酒(Coffee Liqueur) …………… 20 ml

1. 將冰塊放入老式威士忌杯。
2. 倒入材料攪拌。

★重點　咖啡香甜酒的味道因原料豆而異。而較受歡迎者有「卡魯哇」與「迪亞・瑪麗亞」品牌。

●關於酒名　意思為「黑色的俄羅斯人」。因為伏特加與咖啡甜酒之故。

◆變化　將烈酒加甜酒調製成on-the-rocks(倒入裝有冰塊的老式威士忌杯)雞尾酒的典型。將基酒換成龍舌蘭為「Brave Bull」，將咖啡甜酒換成杏仁甜酒則為「God Mother」。

Bull Shot
公牛

與其說是雞尾酒，不如說是加了酒的湯。在芬蘭，星期天的禁酒日中，有的餐廳便提供此種飲料做為湯品。

調法

伏特加(Vodka) 40ml
牛肉汁(Beef Bouillon) .... 適量

1.將冰塊放入老式威士忌杯。
2.將材料搖勻，倒入杯中。也可以另外添加食鹽、胡椒、烏醋、辣椒汁(Tabasco)等。

★重點 也可以視喜好附上芹菜或小黃瓜條。

●關於酒名 因為加了牛肉汁，所以叫「Bull」(公牛)。

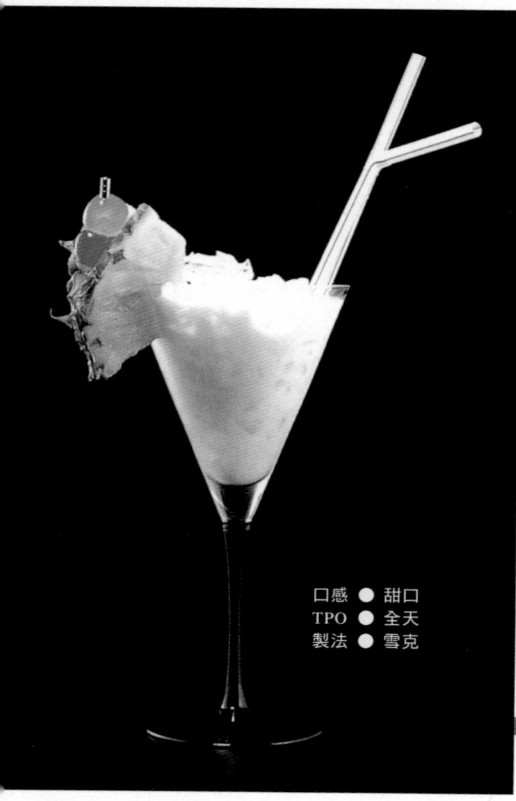

Chi-Chi
奇奇

加了許多鳳梨汁與椰奶，
有牛奶風味且相當可口的
熱帶雞尾酒。

調法

伏特加(Vodka) 30ml
鳳梨汁 80ml
椰奶(Coconut Milk) 45ml
鳳梨片 .... 適量
紅櫻桃 2個

1.在大型果汁杯中裝滿碎冰塊。
2.將伏特加、鳳梨汁、椰奶雪克，倒入杯中。
3.將鳳梨片、紅櫻桃插上雞尾酒叉子，裝飾於杯緣，附上吸管。

★重點 另有雪綿冰型之調法。

●關於酒名 產生於夏威夷之雞尾酒。「Chi-Chi」為美國俚語，「標緻」、「漂亮」的意思。原來正確發音應為「西西」，但卻以日本人較易記住之發音而傳播開來。

◆變化 無酒精之「Virgin Chi-Chi」相當有名。

Greyhound

灰狗

指沒有snow-style(在杯口上抹鹽)的Salty Dog(鹹狗);而不加鹽者,則是一般之Dog,灰狗是獵犬的一種。

調 法

伏特加.(Vodka) .... 30～45ml
葡萄柚汁 .... 適量

1.將冰塊放入杯中,倒入材料後攪拌。

●關於酒名 不加鹽做成snow-style的Salty Dog,除了Greyhound外,又稱Tailless Dog(無尾狗)、Bulldog(尾巴非常短的狗)。灰狗是獵犬的一種,速度非常快,在賽狗場上也相當活躍,跑的時後會將尾巴夾在兩腳之間,所以看不見尾巴。也是說,將鹽比喻成狗的尾巴,沒有鹽則只是一般的果汁而已。

Harvey Wallbanger

撞牆哈威

加里安諾酒為柳橙之清新增添濃厚的風味。

調法

伏特加(Vodka) 45ml
柳橙汁 .... 適量
加里安諾(Galliano) 2茶匙

1.倒入伏特加與柳橙汁後攪拌。
2.讓加里安諾(Galliano)漂浮在上層。亦可以視喜好裝飾柳橙片。

★重點 加里安諾(Galliano)是用茴香、香草與40種以上之藥草製成的甜酒。

●關於酒名 據說加利福尼亞之衝浪者－Harvey,在衝浪大賽失敗後非常失意,因而沉醉於酒中。也許是人們看見他喝醉後撞著牆壁走回家的樣子,而叫他「Harvey Wallbanger」(撞牆的哈威)。另外又有一說,Harvey是加里安諾(Galliano)的推銷員,到酒吧去調了這種雞尾酒,請酒保喝及自己享用,喝醉後一邊用頭去撞牆撞得碰碰響,一邊到處去推銷。

◆變化 將基酒換成龍舌蘭,為「Cactus Banger」。

Kami-Kaze
神風特攻隊

其名雖然剛強，
但卻沒有伏特加的強烈口感，
反而倍覺清新爽口

調法
伏特加(Vodka) 45ml
無色橙皮酒
(White Curacao) 1茶匙
萊姆汁(Lime juice) .. 15ml
1.將材料雪克。
2.倒入老式威士忌杯。
3.加入冰塊。

★重點 無色橙皮酒也可以換成君度橙皮酒。
●關於酒名「Kami Kaze」是指第二次世界大戰末期日本海軍的神風特攻隊。美國人以其鋒利的口感而命名之。

Kiss of Fire
火之吻

砂糖為野莓琴香甜酒及
辛口苦艾酒添增獨特的風味，
酸甜的香味、微微的苦味與澀味，
是百分之百戀愛的感覺。

調法
伏特加(Vodka) 20ml
野梅琴香甜酒(Sloe Gin) 20ml
辛口苦艾酒(Dry Vermouth) 20ml
檸檬汁 2滴
砂糖 .... 適量
1.用砂糖將雞尾酒做成SNOW STYLE（杯口沾糖粉）。
2.將材料雪克。
3.倒入雞尾酒杯。

★重點 野梅琴酒是sloe berry(野李)；浸漬製成的香甜酒。
●關於酒名 在1955年全日本飲料大賽中贏得冠軍，為香岡賢司先生的作品。其名稱是由當時流行的同名歌曲而來的。

Russian
俄羅斯

巧克力可口的風味，倍受女性的歡迎。
不過亦是有名的淑女剋星。

調法

伏特加(Vodka) 20ml
辛口琴酒(Dry Gin) 20ml
棕色可可酒(Creme de Cacao) 20ml
1.將材料搖勻。
2.倒入雞尾酒杯。

★重點 加入鮮奶油，則會有類似芭芭拉般柔和的風味。

●關於酒名 以代表俄羅斯的伏特加為基酒，故稱之。

Moscow Mule
莫斯科騾子

薑汁汽水的刺激與萊姆
的香味，清新爽口。

調 法

伏特加(Vodka) 45ml
萊姆汁(Lime juice) 15ml
薑汁汽水(Gingerale) .... 適量
萊姆片 .... 適量
1.將冰塊放入無腳酒杯。
2.將伏特加與萊姆汁倒入無腳酒杯後，倒滿冰過的薑汁汽水。
3.以萊姆片裝飾。也可以配合季節裝飾薄荷葉。

★重點 另有一調法是將1/2個萊姆榨汁倒入無腳酒杯或銅製馬克杯後，直接將萊姆皮放入杯中。

●關於酒名「Moscow Mule」是指莫斯科的騾子。" Mule" 也有「後勁強烈如被騾子腳踢到」的意思。據說是三個分別希望增加伏特加、薑汁汽水、銅製馬克杯之銷售量的人，合作所想出之促銷法。因此用銅製馬克杯飲用也算是正統飲法。

White Russian

白色俄羅斯

在黑色俄羅斯中加入鮮奶油，
更增添可口風味。

調法

伏特加(Vodka) .... 30 ml
咖啡甜酒(Coffee Liqueur) .... 30 ml
鮮奶油(Fresh Cream) .... 適量

1. 將冰塊放入老式威士忌杯。
2. 將伏特加與咖啡甜酒倒入杯中。
3. 加入鮮奶油使之漂浮在上層。

●關於酒名 在黑色俄羅斯中加入鮮奶油，則為「白色俄羅斯」。

口感	● 甜口
TPO	● 餐後酒
製法	● 直調

口感	● 微甜
TPO	● 全天
製法	● 雪克

Yukiguni

雪國

白雪般的砂糖如下雪一樣，
綠薄荷櫻桃則是
等待春天的新綠。

調法

伏特加(Vodka) 40ml
無色橙皮酒(White Curacao) 20ml
萊姆汁(Lime juice) 2茶匙
薄荷櫻桃 1個
砂糖 .... 適量

1. 先將雞尾酒杯杯口沾糖作成SNOW STYLE。
2. 雪克後倒入杯中。
3. 將薄荷櫻桃插上雞尾酒籤，放入杯中。

★重點 另可將新鮮萊姆汁改用萊姆濃縮汁，但因已有甜度，故不須再加糖。

●關於酒名 在1958年之雞尾酒大賽獲得優勝之山形縣井由計一氏之作品。

雞尾酒世界之旅

目前世界上不能飲酒的國家不在少數。印度、斯里蘭卡及各回教國家因宗教上之理由而禁酒。在人口上佔了相當多，約超過十億。

許多人知道，美國亦曾經以法律來禁止酒的製造及飲用，那就是禁酒令時代。

正確地說，應該是一九二〇年至一九三三年之間。

這是由於新教教義之宗教上、及飲酒者肆虐橫行造成勞工生產效率降低之經濟上的理由。

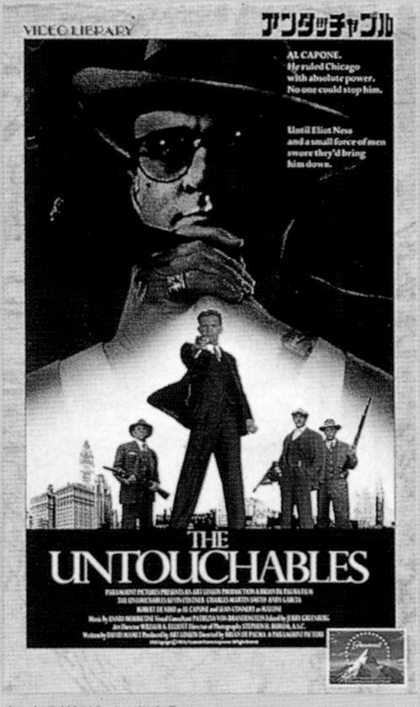

凱文科斯納主演之「UNTOUCHABLES」。CIC VICTOR VIDEO 提供

禁酒運動從十九世紀開始在美國及英國高漲，於第一次世界大戰後達到最高潮。

姑且不論出生後就從未飲酒的回教教徒，只要是曾經體驗過一次酒之美味與魔力的人，是無法單憑法律就戒酒的。相信讀者們也正領首同意吧！因此，秘密製造的酒與走私進口的酒開始大流行。

於是芝加哥幫派首領阿爾·卡波涅便與(FBI（聯邦調查局）檢查官伊里歐特·涅斯展開追逐戰。稍有年紀者都應該看過電視上之連續劇，年輕一點的也應該看過凱文科斯納所主演的電影而略知當時的情況。電影中的最高潮是伊里歐特·涅斯檢查官，突襲欲從加拿大走私威士忌的幫派一幕，經過激烈的槍戰後終於將歹徒繩之以法。

目前經常調製的雞尾酒中，有許多是起源於當時為了飲用密造酒而加入果汁等所飲用的。

此外，據說美國許多酒保移民到歐洲等地尋找工作，也是使雞尾酒普及於世界各地的開始。故而原有設備對於啤酒、威士忌的釀造毫無用武之地，因此日本也開始進口設備，幫助了洋酒的國產化。也就是說，美國所孕育出的飲酒文化，很不巧的由於禁酒法而普及到了世界各地。

後來，禁酒法使美國的治安惡化，並對法律秩序帶來重大的危機，因此便廢止了。

蘭姆酒是用甘蔗釀成的酒。榨出砂糖液使之與砂糖的結晶分離後，用水稀釋所留下的糖蜜並使之發酵。據說是十七世紀誕生於加勒比海西印度群島的巴巴多斯島，因此理所當然地，加勒比海各島及沿岸便為其主要產地。遊樂場所及畫冊中所描繪的加勒比海之海盜所拿的酒瓶，當然就是蘭姆酒。或許因為是熱帶地區所製造的酒，所以大多用來當成熱帶飲料的基酒。另一特色是依其顏色可分為白色、金黃色及深色，依風味可分為清淡、中度及厚重等各種型態，因各種雞尾酒皆有固定的基酒，因此很難運用自如。長期間置於木桶內蘊釀成熟的良質蘭姆酒，有接近白蘭地的顏色與風味。據說寫了「老人與海」等許多以加勒比海為題材之作品的大文豪－海明威，除了馬丁尼外，亦喜歡以蘭姆酒為基酒的黛克瑞(daiquiri)。

Bacardi
巴卡迪

蘭姆酒清涼的風味，使味道清淡。但此道雞尾酒祇限使用巴卡迪牌Bacardi蘭姆酒。

調法

- 無色巴卡迪蘭姆酒(Bacardi Rum) 45ml
- 萊姆汁 15ml
- 紅石榴糖漿 1茶匙

1.將材料雪克。
2.倒入雞尾酒杯。

★重點 正如其名，使用巴卡迪(Bacardi)公司所出產的蘭姆酒。使用其他蘭姆酒時，則為粉紅黛克瑞(Pink Daiquiri)。

●關於酒名 1933年美國廢止禁酒法，當時古巴的巴卡迪公司，為了促銷蘭姆酒而將黛克瑞雞尾酒加以改良。

巴卡迪審判

使用巴卡迪蘭姆酒以外的蘭姆酒來調製巴卡迪雞尾酒，會有什麼結果呢？曾有客人對使用巴卡迪以外的蘭姆酒調製「巴卡迪」的酒吧提出告訴。對於這件有點荒唐的裁判案，紐約最高法院之審判長，慎重的下了「巴卡迪雞尾酒必須以巴卡迪蘭姆酒調製的判決。」這個話題迅速的傳遍了世界各地，使巴卡迪聲名大噪。不過，日本也有不少酒吧是用其他的蘭姆酒來調製巴卡迪雞尾酒的。

Blue Hawaii

藍色夏威夷

給人豔夏印象的熱帶雞尾酒。橙皮酒稍帶苦味，有酸甜清爽的風味。

調 法

無色蘭姆酒
(White Rum） 30ml
藍色橙皮酒
(Blue Curacao) 15ml
鳳梨汁 30ml
檸檬汁 15ml
鳳梨片、蘭花等

1. 在高腳杯(goblet)等之大型酒杯中裝入碎冰塊。
2. 將蘭姆酒、藍色橙皮酒、鳳梨汁、檸檬汁雪克，倒入杯中。
3. 裝飾鳳梨片、蘭花等，附上吸管。

★重點 裝飾要出奇的華麗、富熱帶感。

●關於酒名 將檸檬汁換成二茶匙椰奶，為"Blue Hawaiian"。

照片：貓王主演之「藍色夏威夷」。

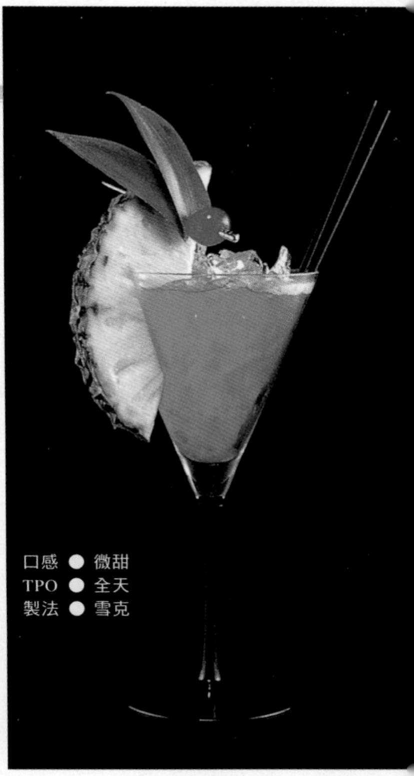

Boston Cooler

波士頓冰酒

檸檬的酸味、砂糖的甘甜與薑汁汽水的清新風味，調合出清涼感。

調 法

無色蘭姆酒(White Rum） 45ml
檸檬汁 20ml
砂糖 1茶匙
蘇打水或薑汁汽水(Gingerale)適量
檸檬片 2片

1. 將蘭姆酒、檸檬汁、砂糖搖勻，倒入無腳酒杯。
2. 加入冰塊，倒滿蘇打水或薑汁汽水，輕輕攪拌。
3. 放入檸檬片。

★重點 是使用蘭姆酒之清涼型飲料。將薑汁汽水換成蘇打水，則為辣味。

●關於酒名 波士頓是美國東部最具歷史性的都市，但其間的關係不詳。

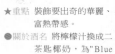

Green Eyes
綠眼

哈蜜瓜香甜酒與鳳梨汁，
是充滿水果芳香的冰涼冷飲新秀。

調 法

金色蘭姆酒（Gold Rum） 30ml
哈蜜瓜香甜酒(Midori Melon Liqueur) 25ml
鳳梨汁 45ml
椰奶(Coconut Milk) 15ml
萊姆汁(Lime juice) 15ml
萊姆片 .... 1 片

1.將萊姆片以外的材料放入攪拌機中，倒入一杯碎冰塊一起攪拌，再倒入大型杯中。
2.將萊姆片裝飾在酒杯之杯緣，附上吸管。

★重點 綠(Midori)是產生於日本所產的檸檬柑香酒，在美國亦很受歡迎。

●關於酒名 為1983年全美雞尾酒大賽的優勝作品，並被選為翌年之洛山磯奧運會的指定飲料。

Hot Buttered Rum
熱奶油蘭姆

熱飲雞尾酒的代表作。營養豐富，
香醇的乳瑪琳帶來濃厚的風味。

調 法

深色蘭姆酒 (Dark Rum) 45ml
方糖 1個
乳瑪琳(Butter) ...... 1片(方糖大小)
熱水 .... 適量

1.將方糖放入溫過的無腳酒杯，加入少量熱水使之溶化。
2.倒入蘭姆酒，倒滿熱水，輕輕攪拌。
3.使乳瑪琳漂浮於上層，附上長匙，可依喜好放入3－4個丁香。

★重點 建議感冒時當成睡前酒來代替蛋酒。

●關於酒名 酒如其名！

◆變化 去掉乳瑪琳則為「Grog」。也是Groggy（搖搖晃晃）的語源，為蘭姆酒的熱飲雞尾酒。

Mai-Tai
邁泰

熱帶雞尾酒之女王。裝飾用的水果及花可以依自己喜好選擇。

調法

無色蘭姆酒（Light Rum）........ 45ml
橙色橙皮酒(Qrange Curacao) 1茶匙
鳳梨汁 2茶匙
柳橙汁 2茶匙
檸檬汁 1茶匙
深色蘭姆酒（Dark Rum）........ 2茶匙

1. 預備鳳梨切片、柳橙片、檸檬片、紅櫻桃、薄荷葉、蘭花等。
2. 在威士忌杯中放入碎冰塊。
3. 將深色蘭姆酒(Dark Rum)以外的材料雪克，倒入杯中，使之漂浮在上層。裝飾上鳳梨切片、柳橙片、檸檬片、紅櫻桃、薄荷葉、蘭花等，並附上吸管。

★重點 因可以自由選擇裝飾，故可看出調酒者的個性。若不雪克，則有野性的口味。

●關於酒名 塔希堤語為"最好"的意思。誕生於1944年美國奧克蘭的波里尼西亞餐廳，第一次食用此酒的二位塔希堤人讚不絕口，而直稱"邁泰"。

Hot Butter Rum Cow
熱牛奶蘭姆

熱奶油蘭姆之牛奶版。濃厚的風味，在寒冬中溫暖著身心。

調法

蘭姆酒(金黃)........ 30 ml
蘭姆酒(黑)........ 15 ml
方糖........ 1個
奶油塊(Butter)........ 1片(方糖大小)
牛奶........ 適量

1. 將方糖放入溫過的無腳酒杯，加入少量牛奶使之溶化。
2. 倒入兩種蘭姆酒，倒滿溫過的牛奶，輕輕攪拌。
3. 加入奶油塊使之漂浮在上層，附上長匙。

★重點 亦可依喜好去掉砂糖。Gold Rum、Dark Rum要使用在木桶內蘊釀成熟，有濃厚的顏色與風味。

Miami
邁阿密

以薄荷酒及檸檬汁包容高酒精度的無色蘭姆酒(Light Rum)，有清爽的風味。

調法

無色蘭姆酒（Light Rum) 40ml
無色薄荷酒(White Pappermint Liqueur) 20ml
檸檬汁 1/2茶匙

1. 將材料雪克。
2. 倒入雞尾酒杯。

★重點　可以自己調整加入紅石榴糖漿，或將薄荷酒換成綠色。

●關於酒名　位於佛羅里達半島的邁阿密，是美國之代表性休閒地。

◆變化　將薄荷酒換成無色橙皮酒，為Miami Beach（邁阿密海灘）。

Mojito
莫吉托

是加勒比海沿岸海盜所喜愛的冰涼蘭姆酒，而薄荷則留下清新的餘韻。

調法

蘭姆酒（金黃）.................................... 45ml
萊姆(Lime juice) 1/2個
砂糖 1茶匙
薄荷葉 4片
薄荷葉（裝飾用）................................ 適量

1. 將萊姆汁榨入無腳酒杯後，皮亦放入酒杯。
2. 放入薄荷葉與砂糖，將薄荷葉與砂糖一起搗碎溶化。
3. 在杯中放入碎冰塊，倒入蘭姆酒，充份攪拌至酒杯表面結霜為止。
4. 裝飾薄荷葉，附上吸管。

★重點　莫吉托有時亦歸類為冰涼型雞尾酒(Smash)，是烈酒中加入萊姆或檸檬汁之型態的一種。

●關於酒名　或說是在加勒比海大肆活動的英國海盜所調製出的。曾在西印度群島的哈瓦那及京斯敦非常流行。

Nevada
內華達

萊姆與葡萄柚組合出酸甜微苦的風味，
並與砂糖巧妙地調合。

調　法

無色蘭姆酒(Light Rum）... 36ml
萊姆汁(Lime juice) 12ml
葡萄柚汁 12ml
砂糖 1茶匙
藥草系苦酒
（angostura bitters ）............... 1撒

1.將材料雪克。
2.倒入雞尾酒杯。

★重點 喜歡甜味時可以增加砂糖，喜歡辛口則可以不加砂糖，使風味更清新。將砂糖換成紅石榴糖漿，會變成粉紅色。亦可以添加柳橙。使用含果肉的果汁時，飲用後唇齒間會留有餘香。

●關於酒名「內華達」是美國西部之一州，拉斯維加斯位於當地。

Planter's Punch
農工賓治

蘭姆酒與果汁的農工飲料。
不拘泥於精細的調法，是大膽的創作。

調　法

深色蘭姆酒（Dark Rum）... 60ml
無色橙皮酒(White Curacao) 30ml
砂糖 2茶匙
柳橙、萊姆、檸檬等之切片 .... 適量
薄荷葉 .... 適量

1.在無腳酒杯中放入碎冰塊。
2.將切片、薄荷葉以外的材料雪克，倒入無腳酒杯。
3.裝飾水果切片及薄荷葉，附上吸管。

●關於酒名 Plantation指19世紀後半之殖民地時代的大農園。據說在古巴或牙買加，為了慰勞在玉蜀黍大農園辛勤工作的農工，會以大水桶調合蘭姆酒與果汁分送給大家。

Quarter Deck

後甲板

蘭姆酒與雪莉酒有清爽俐落的風味，
最適合在海上飲用。

調 法

無色蘭姆酒(Light Rum).. 40ml
雪莉酒(Sherry) 20ml
萊姆汁(Lime juice) 1茶匙

1. 將材料雪克。
2. 倒入雞尾酒杯。

★重點 甜味會依所使用之雪莉酒而有變化。

●關於酒名「quarter deck」為船之後甲板的意思。軍艦上，後甲板大多是將校集合的地方，所以也有士官、高級船員的意思。

Scorpion

天蠍星

柑橘系果汁之恰到好處的甜味與酸味中，
隱藏著蘭姆酒與白蘭地之蠍子的毒針。

調 法

無色蘭姆酒(Light Rum) ...... 45 ml
白蘭地(Brandy) ...... 30 ml
柳橙汁 ...... 20 ml
檸檬汁 ...... 20 ml
萊姆汁(Lime juice) ...... 15 ml
柳橙片 1片
紅櫻桃 1個

1. 在無腳酒杯中裝入碎冰塊。
2. 將柳橙片、紅櫻桃以外的材料搖勻後，倒入杯中。
3. 將柳橙片及紅櫻桃插上雞尾酒叉子裝飾，附上吸管。

●關於酒名「Scorpion」為蠍子的意思。因其美味與高酒精濃度不符合，故而得名。

Shanghai

上海

上海曾經是個自由且富
異國情調的港都，此饒富個性的
港都雞尾酒傳達了上海風情。

調法

- 深色蘭姆酒（Dark Rum）........ 30ml
- 茴香酒(Anisette) 7.5ml
- 檸檬汁 22.5ml
- 紅石榴糖漿 2滴

1. 將材料雪克。
2. 倒入雞尾酒杯。

★重點　另有使用苦艾藥酒(Absinthe)代替茴香酒，或不用紅石榴糖漿之調法。

●關於酒名　中國的貿易港上海，在革命前是外國人的居留地。顏色與香味蘊釀出異國風情。

X.Y.Z.

X.Y.Z.

別名蘭姆・加掛機車(Rum Sidecar)。清爽的風味與美麗的顏色，可說是雞尾酒之終極。

調法

- 無色蘭姆酒(Light) .... 30 ml
- 無色橙皮酒(White Curacao) .... 15 ml
- 檸檬汁 .... 15 ml

1. 將材料雪克。
2. 倒入雞尾酒杯。

★重點　使用君度牌之無色橙皮酒，風味更佳。若喜歡甜味，亦可以添加砂糖。

●關於酒名　X.Y.Z.為羅馬字母之最後三個，其後已無任何字母。指「雞尾酒之終極」。

似乎有人認為龍舌蘭酒是以墨西哥的仙人掌製成的酒，但事實上其原料並不是仙人掌，而是龍舌蘭。正確地說，是用墨西哥巴利斯特州提吉拉鎮周邊特產的阿卡貝・阿斯路・龍舌蘭品種所製造的酒才稱為龍舌蘭(Tequila)，其他品種所製造的酒則稱為梅斯卡爾(Mescal)。墨西哥式的飲法是先含著鹽，再將萊姆汁擠入口中，然後一口氣喝下龍舌蘭，因此好像是在口中調製雞尾酒。瑪格麗特可以說是表現這種飲法的雞尾酒名作。因受限於原料及生產地，故生產量有限，種類也不多，但鮮明的風味往往使人無法忘懷。一般是白色的，但在木桶內陳置成熟後，會生成如白蘭地般柔和的風味。另外還有將附著在名為古沙諾羅波之龍舌蘭上的紅蟲，放入酒瓶中製成有點奇怪的梅斯卡爾。

Matador
鬥牛士

墨西哥的鬥牛士相當勇猛，
但鳳梨的酸甜味與萊姆之酸味柔和且清新。

調法

龍舌蘭(Tequila) 30ml
鳳梨汁 45ml
萊姆汁(Lime juice) 15ml

1.將冰塊放入老式威士忌杯。
2.將材料雪克後倒入杯中。

★重點 調整萊姆汁的份量，作出自己所喜好的酸甜味道。若用葡萄柚代替鳳梨，則有微苦的感覺。

●關於酒名「matador」為鬥牛士的意思。因為是墨西哥龍舌蘭酒最具代表性的雞尾酒。

Mockingbird
模仿鳥

綠色薄荷酒所產生的清新風味與鮮豔色彩，如森林中小鳥婉轉的叫聲。

調法

龍舌蘭(Tequile) ...... 30 ml
綠色薄荷酒(Green Pappermint) ...... 15 ml
萊姆汁(Lime juice) ...... 15 ml

1. 將材料雪克。
2. 倒入雞尾酒杯。

★重點 盡量使用新鮮萊姆榨出的萊姆汁。

●關於酒名 「mockingbird」是墨西哥原產之「模仿鳥」。因可以巧妙地模仿其他鳥類叫聲而聞名。

Sloe Tequila
野莓琴龍舌蘭

野莓琴酒獨特的風味與龍舌蘭之相容性特佳。檸檬則添加了恰到好處的酸味。

調法

龍舌蘭(Tequila) 30ml
野莓琴酒(Sloe Gin) 15ml
檸檬汁 15ml

1. 在威士忌杯中放入碎冰塊。
2. 將小黃瓜或芹菜條以外的材料搖勻，倒入杯中。
3. 裝飾小黃瓜或芹菜條，附上吸管。

★重點 野莓琴酒是以plum(莓科的一種)所製成的野莓香甜酒。

Tequila Sunset

龍舌蘭日落

與龍舌蘭日出成對比的
鮮豔冰凍雞尾酒。

調 法

龍舌蘭(Tequila) 30ml
檸檬汁 30ml
紅石榴糖漿 1茶匙
檸檬片 1片

1. 將檸檬片以外的材料與3/4杯的冰塊一起放入果汁機攪拌後，再倒入大型的葡萄酒杯或高腳杯。
2. 將檸檬片裝飾在杯緣，附上兩支吸管。

★重點 以娛樂的心情來選擇酒杯及裝飾。

●關於酒名 由龍舌蘭日出變化而來的雞尾酒。

提吉拉鎮

提吉拉是墨西哥某村落的名稱，距離墨西哥市以西，臨太平洋之巴利斯特州的州都－第二大都市瓜達拉哈拉約一小時車程，標高一三〇〇公尺。此地栽培之品種名為阿卡貝・阿斯路・龍舌蘭・威巴，品種特別優良，本來只有用此品種製造出的梅斯卡爾才稱為提吉拉，但後來卻以提吉拉之名聞名世界，並獲得好評。但是，觀光拜訪當地時，除了龍舌蘭園及龍舌蘭製酒廠外，別無他物，一片寂寥。

Aquavit（阿夸維特）—洋芋蒸餾酒是從拉丁語「aqua vitae」（意為生命之水）變化而來的。阿夸維持主要產於北歐各國，是以馬鈴薯為原料的烈酒。在蒸餾後以葛縷子、茴香、小茴香、小荳蔻等藥草添加香味，因此又稱為藥草烈酒。是具有北歐風味的清新香酒。

Red Viking
紅海盜

在丹麥首都哥本哈根相當受歡迎，
有阿夸維特獨特的風味。

調法

- 洋芋蒸餾酒(Aquavit) 30ml
- 無色櫻桃酒(Maraschino) 30ml
- 萊姆汁（Lime juice）.................................... 30ml

1.將冰塊放入老式威士忌杯。
2.將材料雪克，倒入杯中。

●關於酒名「Red Viking」是"紅海盜"的意思。Viking（維京人）是八世紀末到十一世紀後半，在各地肆虐的海盜。誕生於丹麥的首都－哥本哈根。

Copenhagen
哥本哈根

是北歐烈酒與中國柑橘、萊姆柑橘系風味的新鮮邂逅。

調法

- 洋芋蒸餾酒(Aquavit) 30ml
- 橘皮香甜酒(Creme de Mand-arine) 15ml
- 萊姆汁 15ml

1.將材料雪克。
2.倒入雞尾酒杯。

★重點 橘皮香甜酒是使用中國柑橘(溫州橘)及橘子之果皮製成之香甜酒的一種。溫州橘是中國原產橘子的一種。

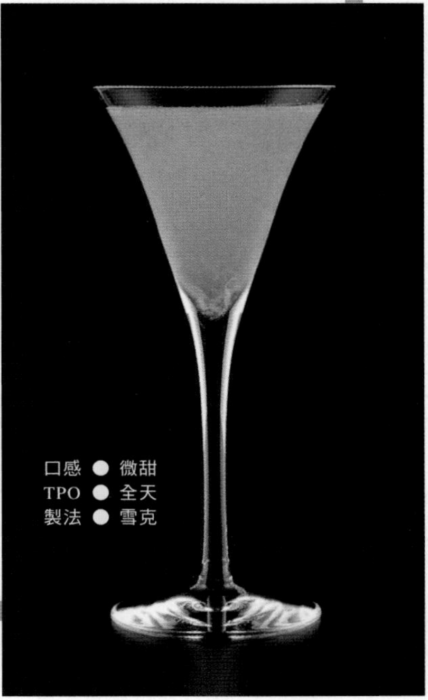

與其說香甜酒是基酒的一種，不如說是雞尾酒道道地地的主角。不僅只是以香甜酒為基酒，絕大部份的雞尾酒也都是以基酒和香甜酒的組合來決定其顏色與風味。

香甜酒是在烈酒中加入果實或藥草等之菁華所製成。原來製造之目的是讓藥草之菁華滲入酒精後，當成藥來服用的，以在修道院生產之沙特勒茲酒等為其代表。

日本的養生酒亦是其中一種。另外以各種果皮及果肉為材料製成的香甜酒，應該是由此衍生出來的。日本家庭中經常製造的梅酒等水果酒，也屬於自家製作的香甜酒。

據說世界上有數萬種的香甜酒。只要知道其美味，便可以製成有自我風格的原創雞尾酒。請試著去品嚐各式各樣的美酒吧！

Amer Picon Highball

苦酒滿杯

Amer是"苦"的意思。只要懂得吃苦，喜好雞尾酒者也能出人頭地。

調 法

彼康苦藥酒(Amer Picon) 45ml
紅石榴糖漿 3滴
蘇打水(Soda) ..... 適量

1. 在無腳酒杯中放入冰塊。
2. 倒入彼康苦藥酒(Amer Picon)與紅石榴糖漿後攪拌。
3. 倒滿冰過的蘇打水，亦可以裝飾上檸檬皮。

●關於酒名「Amer Picon」是以柳橙皮及奎寧樹皮為原料製成的苦味酒。亦可依喜好榨入檸檬皮汁，並將檸檬皮放入杯中。

Amer Picon (彼康苦藥酒)

Angel's Tip
天使之吻

可可濃厚的甜味隱藏在柔和的鮮奶油之中，
好想盡情地品嚐。

調 法

棕色可可酒(Creme de Cacao) ……… $^3/_4$
鮮奶油(Fresh Creme) ……… $^1/_4$
紅櫻桃 ……… 1個

1. 依可可酒、鮮奶油之順序倒入甜酒杯，小心不要使兩者混合在一起。
2. 將紅櫻桃插上雞尾酒叉子，橫掛在杯上裝飾。

●關於酒名　櫻桃插上雞尾酒叉子之裝飾，是天使的關照(Tip)。日本大多稱之為Angel Kiss(天使之吻)，但原來的Angel Kiss是以可可酒、布魯涅爾白蘭地、紫羅蘭酒、鮮奶油各四分之一的比例依序倒入杯中調成的。

口感 ● 甜口
TPO ● 餐後酒
製法 ● 直調

口感 ● 微甜
TPO ● 全天
製法 ● 雪克

Apricot Cooler
杏果冰酒

杏果自然的鮮紅，只是欣賞就美不勝收了，
當然風味亦清新可口。

調法

杏酒(Apricot Brandy) ……… 45ml
檸檬汁 ……… 20ml
紅石榴糖漿(Grenadine Syrup) ……… 1茶匙
蘇打水(Soda) ……… 適量

1. 將蘇打水以外的材料雪克，倒入可林斯杯。
2. 加入冰水，並倒滿蘇打水，輕輕攪拌。亦可以裝飾紅櫻桃。

★重點　也可以在杯中放入碎冰塊。並附上吸管。

Campari & Orange
金巴利柳橙

金巴利(Campari)微苦的味道與柳橙汁的酸甜巧妙地配合，適合運動後飲用。

調法

- 金巴利(Campari) 45ml
- 柳橙汁 .... 適量
- 柳橙片 1/2片

1. 將冰塊放入無腳酒杯。
2. 倒入金巴利，倒滿冰柳橙汁，輕輕攪拌。
3. 裝飾柳橙片。

★重點 金巴利Campari是1860年米蘭人加斯巴雷・金巴利，調成名為「荷蘭風苦味酒」的雞尾酒，其下一代將之改成自己的名字。調合了柳橙苦味酒、葛縷子、胡荽(coriander)與龍膽草的根等。

Campari & Soda
金巴利蘇打

是適合悠閒慢飲的飲料，但被當成飯前酒飲用。金巴利的苦味可以增加食慾。

調法

- 金巴利(Campari) 45ml
- 蘇打水(Soda) .... 適量
- 柳橙片或切片 1個

1. 將冰塊放入無腳酒杯。
2. 倒入金巴利，倒滿冰蘇打水，輕輕攪拌。
3. 裝飾柳橙。

★重點 在主要產地義大利，似乎最瀟灑的飲法是讓鮮紅的酒杯透過地中海的陽光，然後一口氣喝光。不局限於當成飯前酒，亦可以當成舞會飲料或運動後飲用。

Cherry Blossom
櫻花

誕生於日本之世界聞名的雞尾酒。
充滿水果的香味，有點心般的口感。

調法

櫻桃香甜酒(Cherry Brandy) 30ml
白蘭地(Brandy) 30ml
橙色橙皮酒(Orange Curacao) 2滴
紅石榴糖漿 2滴
檸檬汁 2滴

1.將材料雪克。
2.倒入雞尾酒杯。

★重點 喜歡較甜者，可以增加櫻桃香甜酒的份量。

●關於酒名 櫻花是日本之花。為橫濱名酒吧「巴黎」的老闆田尾多三郎先生所創作，刊登在豪華的薩伯依飯店之雞尾酒手冊上，世界聞名。

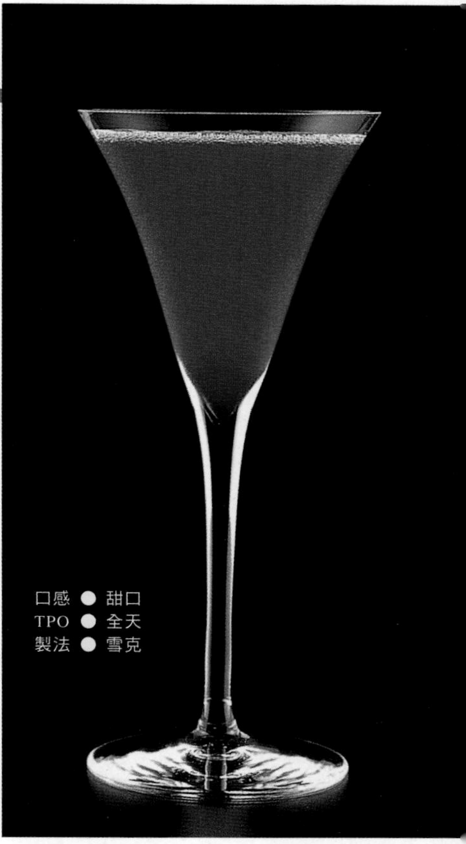

加里安諾(Galliano)

Golden Cadillac
金色凱迪拉克

可哥與奶油滑潤的口感，如同搭
乘名車凱迪拉克般的滿足感。

調法

加里安諾(Galliano) 20ml
無色可可酒 (White Cacao Liqueur) 20ml
鮮奶油(Fresh Creme) 20ml

1.將材料充份雪克。
2.倒入雞尾酒杯。

★重點 因為用了鮮奶油，故須充份雪克。而製造出金黃色效果的加里安諾Galliano，是以19世紀末埃及戰爭中之英雄少佐之名命名，為香草風味的甜酒。

●關於酒名 凱迪拉克是代表美國的最高級車。手持充滿金黃色的雞尾酒，自然而然也會產生高格調之氣氛。

Mint Frappé

冰鎮薄荷

大人所喜歡的碎冰雞尾酒。清爽的
薄荷在炎炎夏日裡更能消暑。

調 法

綠色薄荷酒Creme de Menthe（GREEN）................ 30～45ml
薄荷葉 .... 適量

1. 在碟型香檳杯或大型雞尾酒杯中裝滿碎冰塊。
2. 將綠色薄荷酒倒入杯中。
3. 裝飾薄荷葉，附上短吸管。

★重點　冰鎮用冰塊的作法是，先以手巾包住冰塊，手持碎冰錐或碎冰器將冰塊敲碎。

●關於酒名　任何甜酒都可以用冰鎮方法飲用。不喜歡太甜的人，也可以用葡萄酒或苦艾酒。

口感	●	甜口
TPO	●	餐後酒
製法	●	直調

口感	●	甜口
TPO	●	全天
製法	●	直調

Snowball

雪球

蛋與檸檬之不可思議的組合，
明明是雪又為什麼是黃色的呢。

調 法

蛋黃香甜酒(Advocatt) ... 40ml
萊姆濃縮汁(cordier) 1滴
檸檬水(Lemonade) .... 適量
紅櫻桃 1個

1. 將冰塊放入無腳酒杯。
2. 將阿特佛卡特及萊姆濃縮汁(cordier)倒入無腳酒杯，裝滿檸檬水(檸檬原汁加水)。
3. 將紅櫻桃裝飾在杯緣。

★重點　阿特佛卡特是將蛋黃、香草等加入白蘭地後蘊釀成熟的甜酒。

●關於酒名　Snowball是「雪球」的意思。另外有以杜松子酒為基酒，加入紫羅蘭牛奶混合酒、白薄荷酒、茴香酒及鮮奶油搖勻製成的相同名字的雞尾酒。

聆聽雞尾酒的聲音

音樂與雞尾酒

在前文中已介紹過和雞尾酒有關的小說與電影了，現在就再讓我們來介紹與音樂有關的雞尾酒吧！悠閒地一邊聽音樂，一邊享用雞尾酒，也是人生一大樂事。

美妙的樂曲—將Dark Rum 30ml、WhiteCuracao 20ml、鳳梨汁30ml，蛋白一個充份搖勻，倒入香檳杯。

歌劇—琴酒$2/3$加上同等份量的波特葡萄酒Port Wine與無色櫻桃酒Maraschino，攪拌後倒入雞尾酒杯。

探戈—琴酒$2/5$加上等量的辛口苦艾酒Dry Wermut、甜口苦艾酒Sweet Wermut、柳橙香甜酒，及二撒柳橙汁，雪克後倒入雞尾酒杯。

森巴—無色蘭姆酒White Rum $3/4$、檸檬汁$3/4$、甜口苦艾酒Sweet Wermut與藥草苦酒各一滴，雪克後倒入雞尾酒杯。

田納西華爾滋—將可可香甜酒40ml、紅石榴糖漿20ml、蘇打水適量以直接混合的方式倒入無腳酒杯，此種雞尾酒誕生於日本。

波薩諾瓦有兩種。深色蘭姆酒Dark Rum 40ml、萊姆汁、柳橙汁各10ml、奇異果酒40ml與碎冰塊一同放入果汁機攪拌，作成雪綿冰型。另一種是深色蘭姆Dark Rum 30ml、加里安諾Galliano 30ml、杏酒15ml加上鳳梨汁90ml後以直接混合的方式作成。

Valencia

瓦倫西亞

橙皮苦酒為杏仁及柳橙增添調合感，有糕點般的風味。

調法

杏酒(Apricot Brandy) 40ml
柳橙汁 20ml
橙皮苦酒(Orange bitters) .... 4 撒

1. 將材料雪克。
2. 倒入雞尾酒杯。

★重點 搖勻後倒入香檳杯，倒滿適量的冰香檳，亦可以當成乾杯用雞尾酒。

●關於酒名 瓦倫西亞是西班牙東部地方有名的柳橙產地。多汁的風味恰如其名給人地中海溫暖氣息的感覺。

葡萄之釀造酒與啤酒一樣，從很早以前就一直受到歡迎。雖很少當上雞尾酒世界之主角，但不僅是普通的葡萄酒，連香檳、雪莉酒、苦艾酒等，也都活躍於雞尾酒之配角世界。

葡萄酒的世界是很深奧的。提到葡萄酒一詞，有些如開水一樣便宜的葡萄酒、也有一瓶近數十萬元的、甚至拍賣會上展出之高級葡萄酒等。葡萄酒的知識若要研究到底，是無遠弗界的。但在雞尾酒的世界裡，大多是使用酒精度低、且風味清爽的酒類，因此並不需要拘泥於酒之品牌。如香檳和氣泡葡萄酒等發泡酒、雪莉酒，是加入白蘭地後置於木桶內蘊釀成熟的，而苦艾酒則是與甜酒相似之葡萄酒，這些經常被選用的葡萄酒大多屬於變化類型的，因此只要了解其特質就足夠了。

Adonis
安東尼斯

充份表現了雪莉酒高貴的風味，
口味清爽，是開胃酒中的極品。

調法

辛口雪莉酒(Dry Sherry) 40ml
甜口苦艾酒(Sweet Vermouth) 20ml
橙皮苦酒(Orange Bitters) 1滴

1. 將材料攪拌。
2. 倒入雞尾酒杯。亦可視喜好榨入柳橙皮油。

★重點　可依雪莉酒的味道,調製甜味酒或辛味酒等。

◆變化　將苦艾酒(Vermouth)換成辛口(Dry)，為曼波(Bamboo)。

●關於酒名　安東尼斯是希臘神話中，女神Aphrodite愛芙黛蒂所愛的美少年。據說Anemone秋牡丹花(希臘語為adonis)之名是由此而來。

Americano

美國人

金巴利(Campari)與苦艾酒(Vermouth)兩種代表義大利的甜酒，以蘇打水稀釋則變成美國式。

調 法

甜口苦艾酒(Sweet Vermouth) .... 30 ml
金巴利(Campari) .... 30 ml
蘇打水(Soda) .... 適量
檸檬皮

1. 在無腳酒杯(或高腳杯)中加入冰塊。
2. 倒入苦艾酒及金巴利(Campari)，再倒滿蘇打水後輕輕攪拌。
3. 噴入檸檬皮油。

★重點　亦可以用苦艾藥酒Bitter Wermut (Wermut Amaroid)代替Campari。

●關於酒名　「Americano」是「美國人們」之意的義大利語。

Champagne Cocktail

香檳雞尾酒

不需要“為你的雙眸乾杯！”這種裝模作樣的台詞，先乾再說！

調 法

香檳酒(Champagne) 1杯
藥草苦酒
(Angostura bitters) 1滴
方糖 1個
檸檬皮

1. 將方糖放入香檳酒杯，以苦酒浸泡。
2. 加入一塊冰塊，倒滿冰香檳酒。
3. 榨入檸檬皮汁。亦可以視喜好裝飾柳橙片。

★重點　最適合用在慶祝時乾杯的雞尾酒。在電影「卡薩布蘭加」片中，亨利柏格一面深情的凝視著英格麗褒曼，一面低聲道「為妳的雙眸乾杯！」一景，聞名世界。另外，碟型寬酒杯或水果型細杯都可以。

照片：「卡薩布蘭加」知名場景，華納家庭影視提供。

Claret Punch

紅酒賓治

要讓舞會熱鬧生動，唯有賓治。
調出滿滿的一酒缸吧。

調 法

波爾多紅酒(Claret) 1瓶
橙皮香甜酒
(Orange Curacao) 90ml
檸檬汁 90ml
糖漿 90ml
蘇打水(Soda) 400ml
檸檬、柳橙、小黃瓜及其他季節性水果。

1. 將檸檬、柳橙、小黃瓜及其他季節性水果切片，放入賓治缸。
2. 將蘇打水以外的材料倒入缸中，充份攪拌。
3. 加入冰塊，倒入冰蘇打水，輕輕攪拌。
4. 分別倒入賓治杯或葡萄酒杯。此調法為20人份。

★重點 Claret是法國波爾多紅葡萄酒之英文別稱。亦可以使用其他葡萄酒。加入少量白蘭地會有香醇風味，有大人的味道。

●關於酒名 Punch本來是指將此種材料混合調成之酒類。

Dubonnet Cocktail

多寶力雞尾酒

有多寶力Dubonnet微苦的獨特風味，是屬於餐前的雞尾酒。

調 法

多寶力(Dubonnet) 30ml
辛口琴酒(Dry Gin) 30ml
檸檬皮

1. 將材料拌勻。
2. 倒入雞尾酒杯。
3. 噴入檸檬皮油。

★重點 多寶力Dubonnet是在紅葡萄酒中加入金雞納(可以抽取出奎寧)的樹皮，置於木桶中蘊釀成熟之香味葡萄酒。

◆變化 加入一撒藥草苦酒，為「沙沙」。另外，將琴酒換成裸麥威士忌，為「Dubonnet Manhattan」(多寶力曼哈頓)。

Kir Royal

皇家基爾

將白葡萄酒調成之基爾，
為party妝點的更豪華之舞會飲料。

調 法

香檳酒(Champagne) 48ml
黑醋栗酒(Creme de Cassis) 12ml

1. 先將冰過的材料倒入水果型香檳酒杯或葡萄酒杯。
2. 輕輕攪拌。

★重點 覺得香檳酒太過昂貴者，可以換成發泡葡萄酒，輕鬆享用。

Kir Imperial

帝國基爾

將Kir Royal黑醋栗換成
木莓香甜酒，更添豪華感。

調法

香檳酒(Champagne) 48ml
木莓香甜酒(Creme de Framboise) 12ml

1. 先將冰過的材料倒入水果型香檳酒杯或葡萄酒杯。
2. 輕輕攪拌。

★重點 木莓香甜酒是木梅之果實所製成的紅色甜酒。
●關於酒名 Imperial為「皇帝」之意。

Klondike Highball
克倫代克高球

檸檬汁的酸味掩蓋過苦艾酒的苦味，
薑汁汽水清新爽口。

調法

辛口苦艾酒(Dry Vermouth) 30ml
甜口苦艾酒(Sweet Vermouth) 30ml
檸檬汁 20ml
砂糖 1茶匙
薑汁汽水(Gingerale) .... 適量

1.將薑汁汽水以外的材料搖勻，倒入無腳酒杯。
2.加入冰塊，倒滿冰薑汁汽水。

●關於酒名 克倫代克是加拿大西北部的小鎮，19世紀末因掏金熱而聞名。

◆變化 名稱相似之Klondike cooler，是將威士忌、柳橙汁搖勻，再倒滿薑汁汽水，此酒在國外較受歡迎。另外有克朗代克雞尾酒，是將蘋果白蘭地、甜口苦艾酒Sweet Vermouth、藥草苦酒(Angostura bitters)攪拌調製成。

Sherry Flip
雪莉蛋酒

蛋黃豐富了雪莉酒之風味，為FLIP STYLE(蛋酒)型態之雞尾酒。
亦適合當飯後酒。

調法

雪莉酒(Sherry) 45ml
砂糖 1茶匙
蛋黃 1個

1.將材料充份雪克。
2.倒入沙瓦杯。視喜好灑上磨碎的荳蔻。

★重點 味道依雪莉酒之種類而有不同。

●關於酒名 Flip是加入蛋及砂糖後雪克之雞尾酒型態。

Spritzer

斯柏利特

因酒精度低而在美國開始
流行的健康飲料。

調法

白葡萄酒(White Wine)	60ml
蘇打水(Soda)	適量

1. 在大型酒杯內放入冰塊。
2. 將葡萄酒倒入杯中，倒滿蘇打水後輕輕攪拌。視喜好裝飾萊姆片。

★重點　須使用事先冰過的材料。

●關於酒名　由德語之「朱普利堅」(迸裂)而來。誕生於莫札特的故鄉－奧地利薩爾次堡，據說每年八月所舉行之莫札特音樂會上亦會供應此飲料。

Vermouth & Casis
苦艾黑醋栗

如同巴黎五月的風般清爽宜人，
為法國之開胃酒。

調 法

辛口苦艾酒
(Dry Vermouth) 60ml
黑醋栗香甜酒
(Creme de Cassis) 15ml
蘇打水(Soda) .... 適量

1. 在大型酒杯中放入冰塊。
2. 倒入苦艾酒與黑醋粟酒，加滿冰蘇打水。
3. 輕輕攪拌。

★重點 辛口苦艾酒與黑醋粟香甜酒在法國都是國民酒。

●關於酒名 是在法國受到歡迎的雞尾酒，別名「旁別」(消防士)。

◆變化 將黑醋粟香甜酒換成橙皮香甜酒為「orange Curacao」，亦相當有名。

Wine Cooler
冰凍葡萄酒

具清涼感、充滿水果芳香之雞尾酒。
柳橙與葡萄酒之風味值得一試。

調 法

葡萄酒 90ml
橙色橙皮酒(Orange
Curacao) 15ml
紅石榴糖漿 15ml
柳橙汁 30ml
柳橙片 1/2片

1. 在大型酒杯中放入碎冰塊。
2. 將冰葡萄酒、柳橙汁、糖漿、橙皮酒依序倒入攪拌。
3. 裝飾柳橙片。

★重點 此雞尾酒沒有一定的調法。基酒之葡萄酒亦可以選用紅葡萄酒、白葡萄酒或玫瑰紅酒。只要在所喜歡的葡萄酒中，加入喜歡的果汁及清涼飲料即可。

雞尾酒的歷史

雞尾酒一詞的起源，前文已述，但事實上，在雞尾酒一詞產生就已有雞尾酒了。

如古代的埃及就已經在啤酒中加入蜂蜜或椰棗汁來飲用，希臘及羅馬時代，曾在葡萄酒中加入果汁或海水稀釋後飲用。

確定雞尾酒一詞被引用的事例，最早是出於一七四八年英國出版之菜單集。到了十九世紀，雞尾酒開始在英國及美國的社交界流行起來。

但是，現代雞尾酒是一八七五年製冰機發明後才產生的。因製冰機之發明，終於在任何時候都可以調製出以冰塊冷卻的現代雞尾酒。日本於明治初期有進口洋酒，至於當時是否有調製雞尾酒就不得而知了。雞尾酒普及於日本，是在大正時代咖啡店兼酒吧的Cafe出現以後的事了。

到了二十世紀，美國的酒保因為一九二〇年的禁酒法而橫渡到了歐洲等地，將在美國大為成長之雞尾酒推廣到了世界各地。

在日本，雞尾酒時代是正式開始於一九五〇年左右，戰後的復興期中，工作站區之酒吧—所謂的Bar開始大流行，Highball及各種雞尾酒開始出現，藍色珊瑚礁、雪國等雞尾酒名作也誕生於這個時代。

不久之後，威士忌加水開始流行，而雞尾酒開始衰退。經過一九七〇年左右開始的迪斯可風潮中，熱帶飲料大受歡迎的時期，雞尾酒又逐漸的復活了。特別是女性開始不排斥參加酒宴，於是雞尾酒受到重新評價。最近受年輕人歡迎的大眾居酒屋及卡拉ＯＫ，提供雞尾酒的情形也增加了。

酒的世界是趣味且多樣化的，雞尾酒受歡迎之風潮應該會一直持續下去吧。

啤酒可以說是世界上飲用量最多的酒。本來，因其酒精度低且味道強烈，很難與不同種類的酒調合，所以在雞尾酒的世界只是屬於次要的。也有許多人從來沒想過將啤酒與其他種類的酒混合飲用，但只要下一點工夫，仍可以發現新的口味。

口感	●	不甜
TPO	●	全天
製法	●	直調

Dog's Nose
狗鼻

琴酒獨特的風味與啤酒的微苦味配合，為啤酒更添香醇。

調法

辛口琴酒(Dry Gin) 45ml
啤酒 .... 適量

1. 在冰過的大型無腳酒杯中倒入辛口琴酒Dry Gin，再倒滿充份冰過的啤酒。
2. 輕輕攪拌。

★重點 酒杯須先冰過。

●關於酒名 直譯為「狗的鼻子」。

Shandy Gaff
香堤

口感	●	微甜
TPO	●	全天
製法	●	直調

薑汁汽水刺激的風味與甜味，與啤酒調合後有清爽的味道。

調法

啤酒 1/2
薑汁汽水(Gingerale) 1/2

1. 將冰啤酒倒入大型無腳酒杯。
2. 倒滿冰薑汁汽水。

★重點 在英國，正式的飲法是將英國產之麥酒與薑汁汽水混合。麥酒是酒精成份較多的啤酒。

●關於酒名 英國的酒吧很早以前就供應這種酒了，略稱「香堤Shandy」。在法國有啤酒與透明碳酸飲料或檸檬水製成之潘納賽Panache(法文為混合之意)，香堤Shandy Gaff也是其中一種。但是在英國，潘納賽仍是稱為Shandy。

現代世界名酒吧

有些店經敘是雞尾酒的創作之地、或是小插曲發生的地點。例如：倫敦的薩伯伊飯店，便經常出現在雞尾酒的書中。該飯店於一九三〇年發行了菜單集、雞尾酒手冊，成為雞尾酒世界的典範。「阿拉斯加」是在約一百年前，由本飯店的酒保所調出。該飯店不僅是雞尾酒亦是現代飯店的模範。創立於一八八九年，在當時就已經導入了十九世紀時令人驚異的設備，如升降梯、各房間內設浴室、採用防火之鋼架、鋼筋混凝土建材等。目前仍保持每一位住宿客享有三名服務生之高品質的服務，成為世界飯店之規範。

在威尼斯廣為觀光客所知的，是創作了「貝里尼」的哈里士酒吧。它位於聖馬可港口正前方，魚、肉之料理皆是極品。酒吧中或許一整天都為了調製「貝里尼」而忙著將桃子放入攪拌機中吧。該餐廳亦非敘受日本觀光客之喜愛。

日本有名的是橫濱NEW GRAND HOTEL。俯視著山下如公園般，曾為麥克阿瑟古色古香辦公室的舊館，與高層之新館並列著。是代表橫檳之傳統豪華的飯店，在雞尾酒的世界中，因第一代酒保路易斯先生創作出「曼波」、「百萬美元」而聞名。同樣在橫濱創作出「櫻花」之名酒保田尾多三郎先生所開設之名酒吧—巴黎，在其去逝後，仍由其未亡人執掌著雪克杯，繼續營業著。

或許有人會對「明明不是酒，卻叫雞尾酒」一事生氣，但請了解，這是為了不會喝酒的人而設計的酒吧用飲料。所以在舞會上，常有某些不會喝酒的人，在加了水的雞尾酒杯中放入橄欖或珠蔥，裝成是馬丁尼或吉普森，或在SNOW STYLE杯口抹鹽的杯中，倒入葡萄柚汁裝成是鹹狗的情況。

口感	● 甜口
TPO	● 全天
製法	● 雪克

Cinderella
灰姑娘

是充滿果香的混合飲料，適合女孩子飲用，但是記得要在打烊之前回家喔！

調法

柳橙汁 20ml
檸檬汁 20ml
鳳梨汁 20ml

1. 將材料雪克。
2. 倒入雞尾酒杯。

★重點 調整所選用之果汁種類、份量，作出自己喜歡的味道。不喜歡甜味者，可以試著用蘇打水稀釋，或增加檸檬汁的份量。

Florida
佛羅里達

佛羅里達柳橙般美麗的顏色中，
有柑橘系的酸味。
樹皮苦味酒更添美味。

調法

柳橙汁 40ml
檸檬汁 20ml
砂糖 1茶匙
藥草苦酒 2撒

1. 將材料雪克。
2. 倒入雞尾酒杯。

★重點 是不含酒精的雞尾酒，但其實加入琴酒也相當好喝。亦可加入葡萄柚汁與蘇打水，並裝飾薄荷葉，作成LONG STYLE(長時間飲料)。誕生於美國的禁酒法時代(1920~33年)。

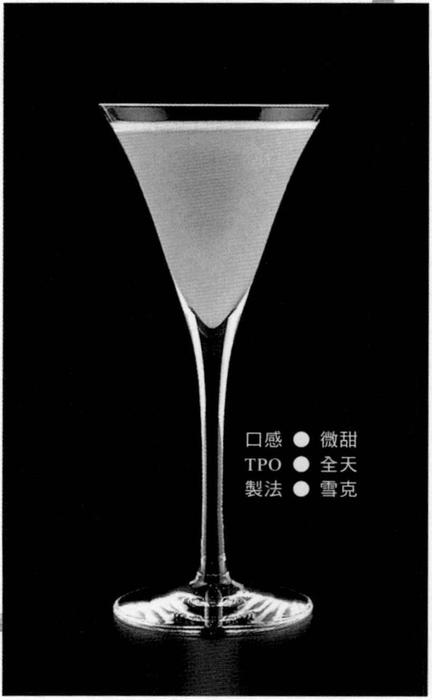

口感	● 微甜
TPO	● 全天
製法	● 雪克

Pussyfoot
貓步

帶酸甜感，像是加了果汁之
乳酸飲料般的健康飲料。

調 法

柳橙汁 45ml
檸檬汁 15ml
紅石榴糖漿 .... 1 茶匙
蛋黃 .... 1 個

1.將材料充份雪克。
2.倒入香檳杯或大型雞尾酒杯。

●關於酒名「Pussyfoot」是指走路如同小貓般靜悄悄的人。據說是美國有名的禁酒運動家威廉・E・強森之綽號。大概是個討厭的傢伙吧。

Shirley Temple
雪莉坦布爾

小孩騎之玩具木馬。風味有點類似
以前的糕餅店賣的果汁。

調 法

紅石榴糖漿 20ml
薑汁汽水或檸檬水 ... 適量
檸檬皮 1個

1.將削成螺旋狀的檸檬皮放入無腳酒杯，前掛在杯緣上。
2.放入冰塊，倒入紅石榴糖漿。
3.倒滿冰過的薑汁汽水或檸檬水，輕輕攪拌。亦可以視喜好裝飾紅櫻桃。

●關於酒名 雪莉坦布爾是曾活躍於好萊塢知名童星之名。

調製雞尾酒所需之知識

雞尾酒的調法

調製雞尾酒的基本技巧有下列四種，每一種都不困難。相較於專業調酒師的高層技巧，這是每一個人都會的基本技巧，輕鬆地挑戰一下吧！

雪克(SHAKE)

將冰塊及材料放入雪克杯中搖勻。能將不易混合的材料急速調合、冰鎮、減低酒之烈性，調出潤滑口感的效果。

攪拌(STIR)

使用調酒匙將調酒杯中之材料迅速的混合。與雪克相比，所調製出的口味強烈刺激。最適合於調製容易混合之材料、雪克時易生混濁之材料、或希望品嚐強烈之口味時採用。斟倒時，以調酒匙或調棒輕輕拌勻亦稱之為攪拌。

直調(BUILD)

直接將材料倒入酒杯之方法。

果汁機攪拌(BLEND)

使用果汁機（攪拌機）將材料混合之方法。是調製雪泥型雞尾酒所不可或缺的技巧。

雞尾酒實際調法——實戰篇

雪克的技巧

①將材料倒入雪克杯。
②將冰塊放入雪克杯至7—8分滿。
③蓋上隔冰蓋後，輕輕的蓋上杯蓋。

注意若順序相反，雪克杯中部份空氣將受到壓縮，使杯身彈開。

將材料與冰塊放入杯身（7～8分滿）
蓋上隔冰蓋
蓋上杯蓋

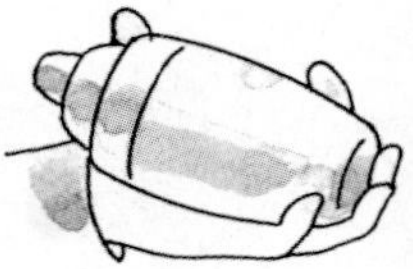

④杯蓋朝向自己，以左手大姆指壓住隔冰蓋，中指與無名指之前端放在杯身底部或杯緣。

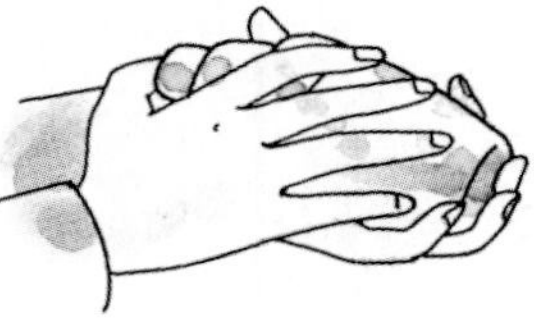

⑤以右手大姆指壓住杯蓋，兩手握住雪克杯。背後放鬆，雙臂張開。

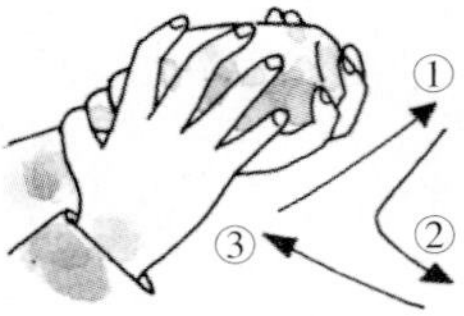

⑥搖動雪克杯。依斜上↓靠胸↓斜下↓靠胸之順序迅速的搖動。次數以十五~十六次為基準，蛋、鮮奶油等不易混合的材料則以二〇~二五次為標準。高明的雪克是有訣竅的。

(1)為了使雪克杯中之冰塊不至溶化太快，導至味道變淡，請迅速雪克完畢。

(2)以讓空氣溶入材料般之感覺搖動雪克杯。因含有大量空氣的飲料是美味的。

(3)留意手腕彈性，保持優雅富韻律感的姿勢，手肘之移動也需流暢。

⑦搖動完畢後，以右手壓住隔冰蓋與杯身，以左手取下杯蓋，迅速的以右手將雞尾酒倒入酒杯。

攪拌的技巧

①將材料倒入調酒混合杯。

②接著將大冰塊放入杯中至稍微高出其他材料。冰塊太少時，會調出味道淡而不好喝的雞尾酒。

③調酒混合杯之灌注口朝左，以左手壓住下部固定。先調好這個方向，可以迅速的將調好的雞尾酒倒入杯中。以中指及無名指挾住調酒匙螺旋狀部份，輕輕靠上大姆指與食指。以調酒匙之背面靠著調酒杯之內側、調酒匙之先端碰觸到調酒杯杯底之狀態，磨擦著轉動調酒匙。攪拌正確時，調酒匙本身會自己轉動。冰塊也會全部一起轉動，冰塊與冰塊間不會互相碰撞。專業的調酒師攪拌時會如同撫弄冰塊般，不會發出任何聲音。取出時背面亦朝上。

圖：調酒匙的背面一直保持朝向外側，轉動7～8次。

取出時背面亦朝上。

此外，杯身稍微傾斜較易混合。轉動之次數以15-17次左右為原則，但因酒的份量不同，因此以左手之大姆指判斷適當的溫度。

④材料充份冰鎮後，配合冰塊之轉動，迅速抽出調酒匙。

⑤在調酒杯上蓋上隔冰器。

⑥以食指壓住隔冰器中央，其他四根手指拿住調酒杯，將雞尾酒倒入雞尾酒杯。剛開始倒時要慢慢的、最後要迅速的倒出。

直調的技巧

①將充份冰過的材料倒入杯中。事先讓材料充份冰鎮是重點。

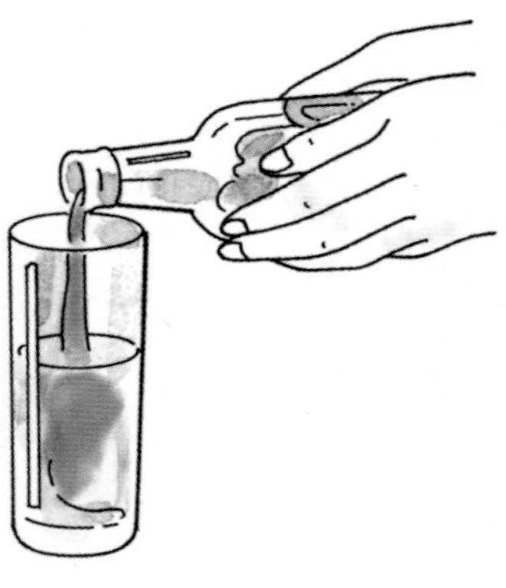

②馬上加入碎冰塊3—4個到八分滿左右。注意：若放滿一整杯的冰塊，最後會不易攪拌。

③輕輕攪拌。通常是2—3次，有汽泡的碳酸飲料等則1—2次即可。

上述為一般之直調方法，但有時是不經過冰鎮、或不加入冰塊的。用漂浮方式時，注意不要讓漂浮之材料與下面之材料混合，輕輕地倒入。

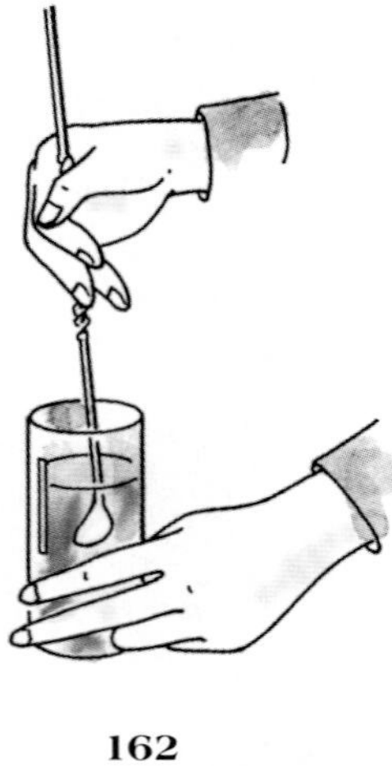

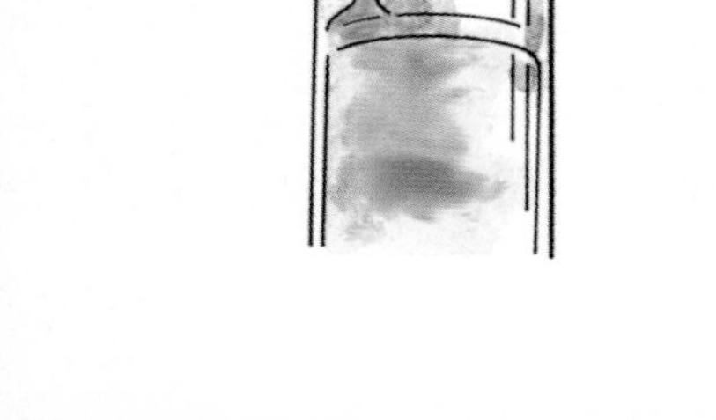

果汁機攪拌的技巧

①將所需份量的酒、水果類、果汁類、碎冰塊等材料，放入果汁機中。

②蓋緊蓋子使材料不會中途噴出，按啟動開關。

③觀察果汁機內之狀況，在適當的時機關掉果汁機。放入的冰塊以碎冰最恰當。

④倒入杯中。調製雪綿冰型雞尾酒時，以調匙刮取，注意要完全倒入杯中。

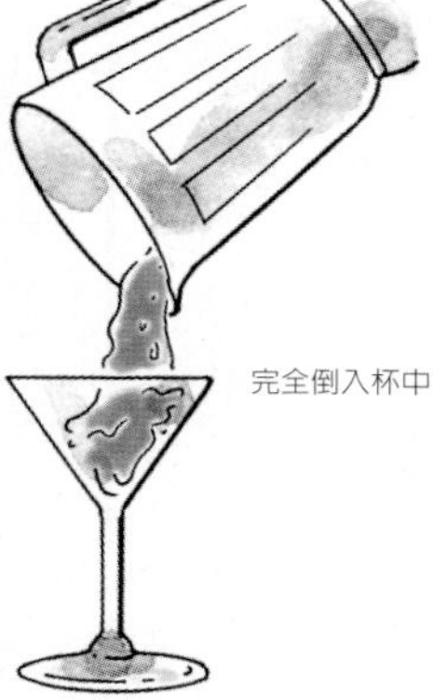

雞尾酒之道具

雪克杯(shaker)

將不易混合的材料迅速混合、同時冰鎮的道具。不銹鋼製、大小約可以調製三人份雞尾酒的較適當。蓋子稱為杯蓋、上部為隔冰蓋、下部為杯身。（一般為530ml）

調酒混合杯(mixing glass)

在攪拌較容易混合的材料時使用，為大型厚玻璃杯。內側底部為圓滑型者較佳。

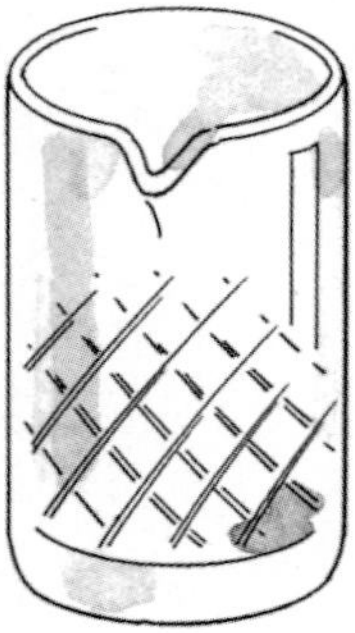

隔冰器(strainer)

套在調酒杯上過濾雞尾酒，使冰塊不會掉入杯中之道具。選用與調酒杯之大小相符者。

調酒匙(bar spoon)

攪拌雞尾酒時使用之長型湯匙。湯匙之另一端為叉子，可以用來從瓶中取出橄欖或櫻桃。此外，一調酒匙與一茶匙之份量相同約5ml，因此也用來計量。

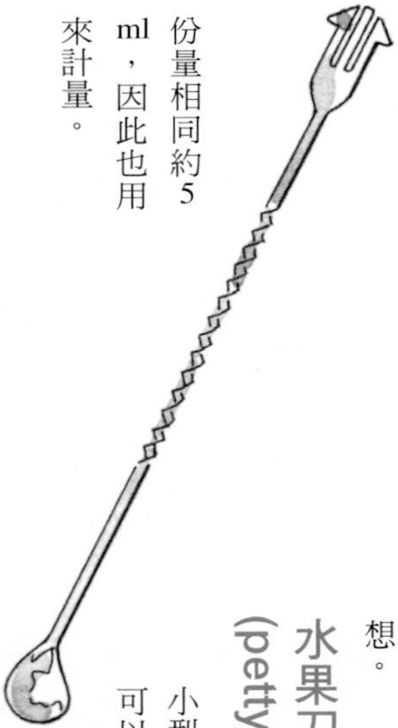

量杯(measure cup)

計量杯。一般為上45ml、下30ml。

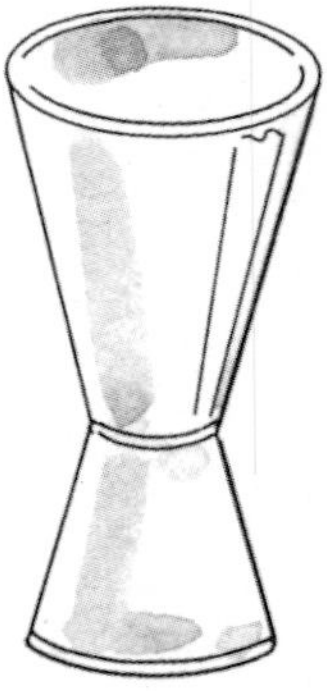

榨汁器(squeezer)

柑橘類榨汁之道具。將切成一半之水果壓住同時轉動，榨出果汁。可以榨葡萄柚汁之大型玻璃製榨汁器較理想。

水果刀(petty knife)

小型的輕便菜刀。可以削水果皮、切水果等，有許多功用，是重要的道具。

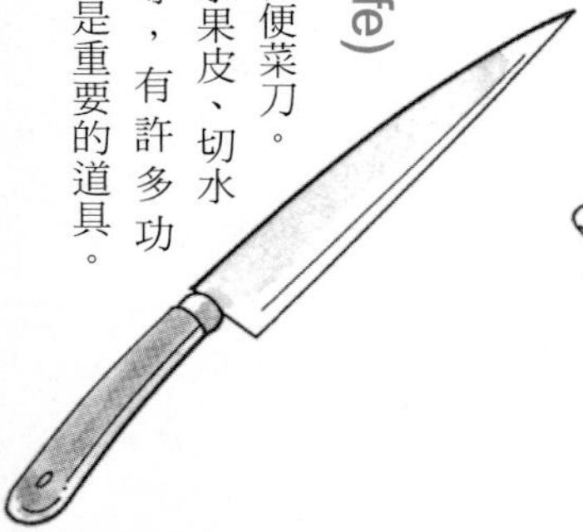

苦酒瓶(bitters bottle)

加苦酒用的瓶子。搖動一次為一撒。（4—5滴約1 ml）

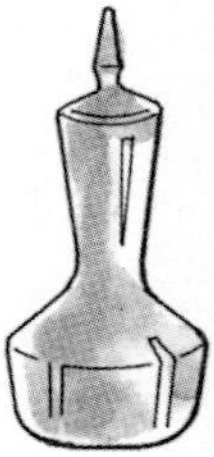

螺旋開瓶器(corkscrew)

葡萄酒之開瓶器。亦稱為葡萄酒開瓶器。有各種類型，呈螺旋狀、附有調酒刀、開瓶器的酒保用刀(Bartender's knife)特別便利，最好依自己喜好選用。

果汁機(bar blender)

用來將冰塊製成雪綿冰狀，或製作新鮮果汁。

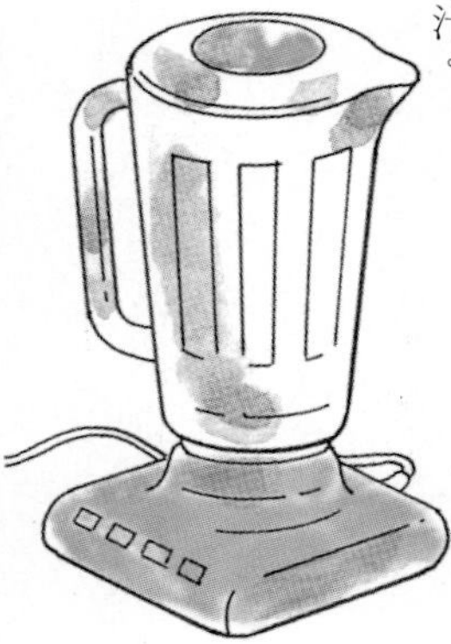

冰錐(ice pick)

將冰塊敲碎之道具。前端有一根錐子的較為理想，而且最好是硬而細的材質。視冰塊之厚度調整手持距離後使用。

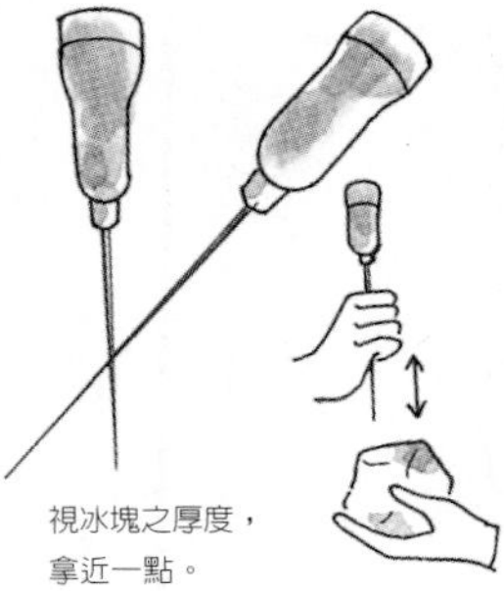

視冰塊之厚度，拿近一點。

冰夾(ice tongue)

夾住冰塊的道具。不銹鋼製的較耐用。

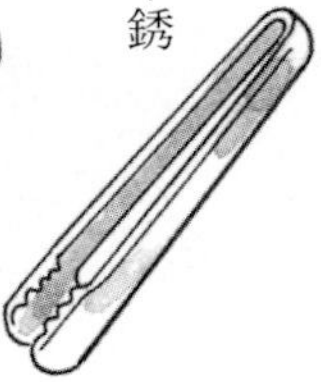

開瓶器(opener)

即開罐器。

調棒(muddler)

用來混合雞尾酒，或將杯中之水果挑碎。有玻璃製、塑膠製、木製等各種材質及形狀，可以視用途選用。

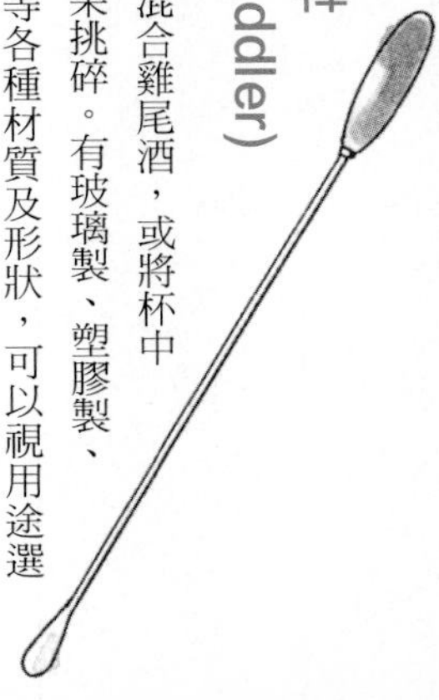

冰桶(ice pail)

放冰塊用的。底部附有不銹鋼網，可以濾掉溶化的冰水者較佳。有玻璃製、陶製、金屬製等各種設計，視喜好選用。

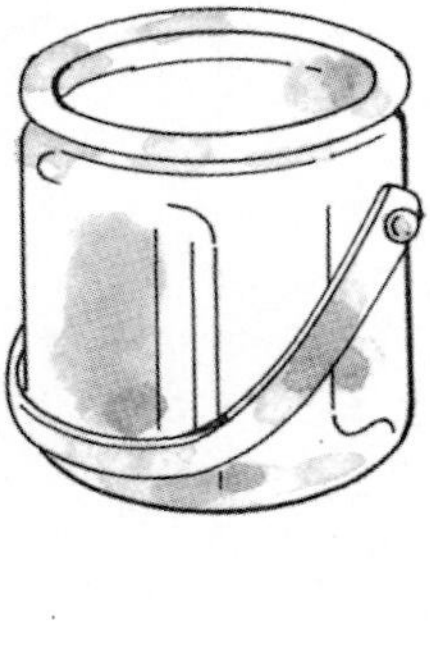

雞尾酒叉子(cocktail pin)

用來穿刺裝飾用之水果、橄欖等。

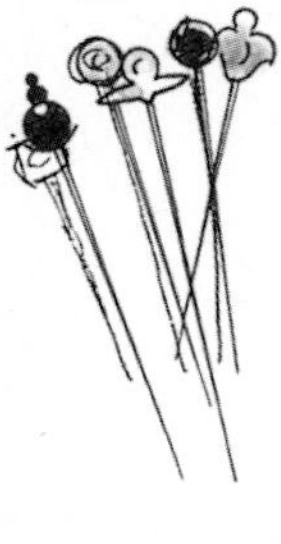

雞尾酒的副材料

冰

使用不良的冰塊會影響雞尾酒的味道。若非不易溶化、硬度較高的冰塊，則雞尾酒的味道會變淡。而自來水有氯味，所以在家中調製雞尾酒時，可以用礦泉水製冰。市售之袋裝冰塊頗為方便。

●方塊冰(cubed ice)

一邊三公分左右之立方體冰塊，以製冰器製成之普通冰塊。

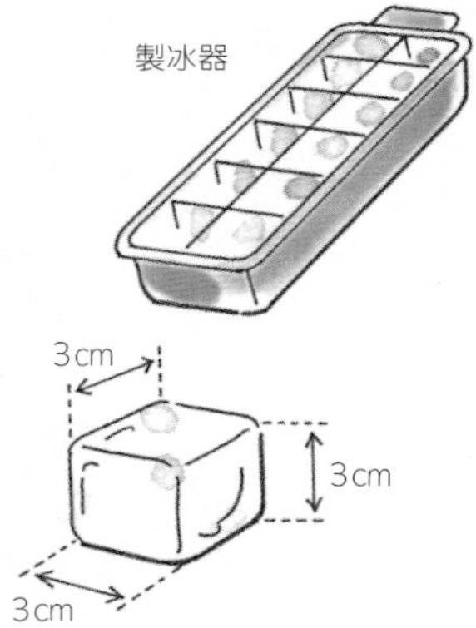

●球狀冰塊(cracked ice)

以碎冰錐敲碎之直徑三公分左右的接近球型的冰塊。

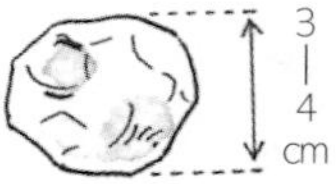

●碎冰塊(crushed ice)

碎裂成粒狀之冰塊。以碎冰機製作頗方便。

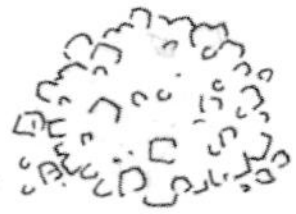

●細冰塊(shaved ice)(frapped ice)

比碎冰塊還細的冰塊。將冰塊包裹在布中敲碎製成。

●大冰塊(block of ice)

一公斤以上之大冰塊。以碎冰錐敲碎後使用。亦可以直接放入賓治缸中。

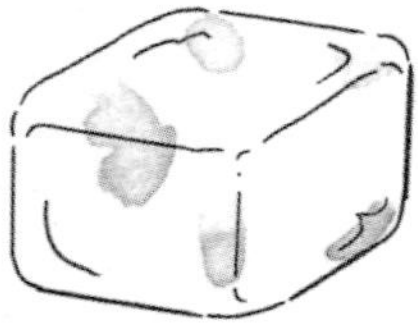

●大圓冰塊(lump of ice)

約一拳頭大小的冰塊。最適合調製on-the-rocks(裝有冰塊的老式威士忌杯)，凹凸不太明顯的不易溶化，較理想。

◎製造碎冰塊

大量製造時，使用碎冰機較方便，若只有少量則可以用下述方法製造。

①用較大的乾毛巾將冰塊包住。

②以冰錐的錘子，仔細地垂打各處。

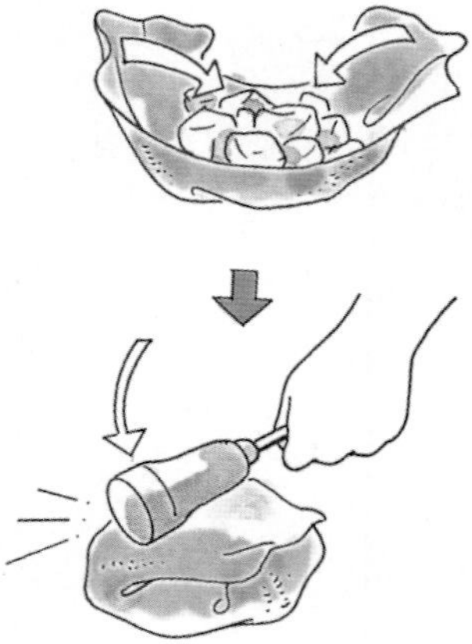

水・飲料類

●水

即使在家中調製，最好也儘可能用礦泉水或天然水，而自來水會影響雞尾酒的味道。

●蘇打水

在水中加入二氧化碳製成的，及原本就含有二氧化碳兩種。單說蘇打水，即指沒有味道之純蘇打(plain soda)。

●通寧水

英國產之碳酸飲料。無色透明，加入奎寧樹皮味道微苦。原來是在熱帶地方工作之英國人的保健飲料，食欲不振或中暑時飲用效果頗佳。

●薑汁汽水

有生薑味道的碳酸飲料。抽取出生薑之香味後，加入檸檬酸、肉桂、辣椒、丁香等香辛料製成。

●可樂

以美國西部原產之可樂果樹(cola)之種籽製成的碳酸飲料。咖啡因含量為咖啡的二倍以上。

●薑汁啤酒

生薑與砂糖發酵製成之飲料。

果汁

本書中所稱之果汁，是指水果榨汁製成的新鮮果汁。亦可以使用市售之100％果汁。指定為cordiala時，請使用加了糖的cordial juice(濃縮汁)。

糖漿

較常選用的有蔗糖漿(suger syrup與紅石榴糖漿。蔗糖漿一般亦稱為(gum syrup)，製法是在砂糖中加水成為液體。紅石榴糖漿將紅石榴果實之顏色及香味抽取出後，加入蔗糖漿中製成，為加勒比海格瑞那達的特產。鮮豔的色彩是調製雞尾酒之珍寶。

牛奶・鮮奶油

牛奶要盡量新鮮，鮮奶油以稱為奶油(Fresh cream)之乳脂肪含量在45％左右的較適當。

水果・蔬菜類

為雞尾酒增添華美的裝飾。所用之水果及蔬菜當然也可以食用。可依喜好，一邊飲用雞尾酒一邊享用裝飾的水果蔬菜。

●檸檬

選擇新鮮、皮薄的檸檬。大小不拘，只要可以榨出45ml左右的檸檬汁即可。用來裝飾時，選擇形狀完整、有鮮豔黃色的。

●柳橙

使用本國產之柳橙最佳。選擇重點與檸檬相同。

●萊姆

酸味較檸檬強。新鮮的萊姆顏色濃綠而有光澤。

●蘋果

皮紅、果肉硬脆的較佳。

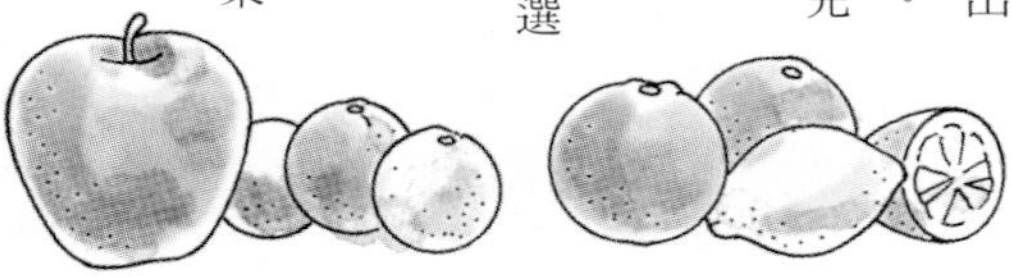

主要用在裝飾，因此可以研究一下給人優雅印象之漂亮的切法。

●紅櫻桃

以無色櫻桃酒浸泡後染色、去籽之瓶裝櫻桃。有紅色與綠色。

●其他水果

葡萄柚、鳳梨、哈蜜瓜、葡萄、木瓜等水果，除了果汁用途外，也常當成裝飾。熱帶飲料的裝飾不會局限於固定方法，可輕鬆愉快的選擇自己喜歡的水果。

●珍珠蒜

醋醃之小洋蔥。因其純白美麗之真珠般的外形而取名。亦稱雞尾酒蔥。

●鹹橄欖

將橄欖去籽，塞入紅甜椒，以醋及食鹽浸漬製成。

香料

●荳蔻

亦有含籽的荳蔻，但粉末狀瓶裝品較方便。微甘的味道可以去除牛奶及鮮奶油之腥味。

●丁香

將石榴花之花苞乾燥製成。溫度增高時，香甜味四溢，因此常用在熱飲。也有粉末狀的。

●肉桂

有條狀、切碎、粉末等各種型態。有微苦味，獨特的芳香為其特徵。

●薄荷

帶來充滿清涼感的芳香，在夏季常飲用之飲料。

副材料之使用技巧

◎榨果汁

以榨汁器壓榨柑橘，可以製成味美新鮮果汁。以榨汁器壓榨稱為榨汁。

①將水果切半，置於榨汁器中央突出之部份。

②大姆指稍為用力，將水果左右旋轉榨汁。

★重點是要在使用前才榨汁，不可太過用力。力道過大時，會使水果內之白膜裂開，或外皮之油份噴出，造成苦味及澀味，影響味道。

注意不要太過用力，將檸檬左右旋轉榨汁。

◎製作雪花杯型 SNOW STYLE

所謂SNOW STYLE，是指將鹽或砂糖塗在杯緣。如鹹狗、瑪格麗特等用鹽製作的，亦可以稱為SALT STYLE，正統製法是使用岩鹽。將雞尾酒倒入製好SNOW STYLE之酒杯時，八分滿即可。砂糖(鹽)的部份只要稍為沾濕，即會擴散開來，請注意。

①將切半之檸檬靠著杯緣，旋轉一圈使杯緣潤濕。(杯子要先擦乾)

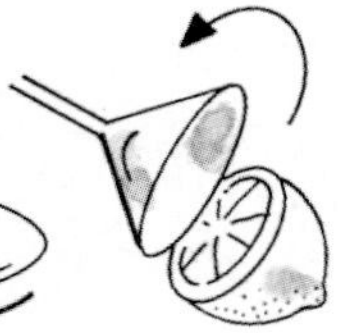

②在平盤上灑滿砂糖(鹽)，將杯身倒過來壓住。

③稍為轉動杯身，再將杯子提起。

④輕彈杯身，使多餘之砂糖(鹽)落下。

★請使用細粒砂糖、家庭用精鹽。

◎噴壓果皮油

①將檸檬(柳橙)洗淨，切下二公分左右之果皮。

②果皮表面朝向前方，以大姆指及中指壓住兩端，食指置於內側。

③大姆指及中指稍微施力，食指從前方壓住，使油噴出。

★將果皮拿在酒杯上方榨取之。

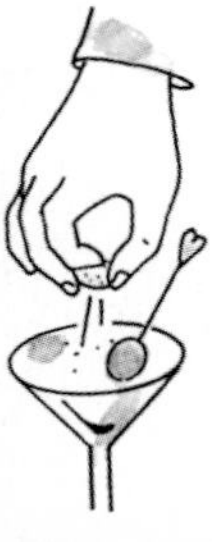

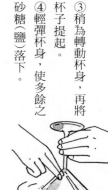

Knock-out（擊倒）.. 106

L

Long Island Iced Tea（長島冰茶）.................... 18

M

Maimi（邁阿密）.. 134
Mai-Tai（邁泰）.. 133
Manhattan（曼哈頓）.. 20
Matador（鬥牛士）.. 138
Martini（馬丁尼）.. 10
Margarita（瑪格麗特）.................................... 46
Million Dollar（百萬美元）............................ 106
Mimosa（含羞草）.. 64
Mint Frappé（冰鎮薄荷）................................ 146
Mint Julep（薄荷威士忌）................................ 24
Mockingbird（模仿鳥）.................................... 139
Mojito（莫吉托）.. 134
Moscow Mule（莫斯科騾子）.......................... 127

N

Negroni（雷格尼）.. 107
Nevada（內華達）.. 135
New York（紐約）.. 114
Nikolaschka（尼可拉斯加）............................ 120

O

Old-Fashioned（老式威士忌）.......................... 22
Olympic（奧林匹克）...................................... 120
Orange Blossom（橙花）.................................. 107

P

Paradise（天堂樂園）...................................... 108
Parisian（巴黎戀人）...................................... 108
Piña Colada（鳳梨園）...................................... 42
Pink Gin（粉紅琴酒）...................................... 109
Pink Lady（紅粉佳人）.................................... 109
Planter's Punch（農工賓治）.......................... 135
Pussyfoot（貓步）.. 159

Q

Quarter Deck（後甲板）.................................. 136

R

Rainbow（彩虹）.. 56
Red Eye（紅眼）.. 68
Red Viking（紅海盜）...................................... 141
Royal Clover Club（皇家富豪俱樂部）.......... 110
Rusty Nail（銹釘）.. 114
Russian（俄羅斯）.. 127

S

Salty Dog（鹹狗）.. 36
Scorpion（天蠍座）.. 136
Screwdriver（螺絲起子）.................................. 34
Shandy Gaff（香堤）.. 156
Shanghai（上海）.. 137
Sherrey Flip（雪莉蛋酒）................................ 152
Shirley Temple（雪莉坦布爾）...................... 159
Side-Car（加掛機車）.. 26
Singapore Sling（新加坡司令）........................ 14
Sloe Tequila（野梅龍舌蘭）............................ 139
Snowball（雪球）.. 146
Spritzer（斯伯利特）.. 153
Spumoni（斯普莫尼）.. 52
Stinger（譏諷者）.. 28

T

Tequila Sunrise（龍舌蘭日出）........................ 48
Tequila Sunset（龍舌蘭日落）........................ 140
Tom Collins（湯姆可林斯）............................ 110

V

Valencia（瓦倫西亞）...................................... 147
Vermouth & Casis（苦艾黑醋栗）.................. 154

W

Whisky Sour（威士忌沙瓦）............................ 115
Whisky Toddy（威士忌托迪）.......................... 115
White Russian（白色俄羅斯）........................ 128
White Lady（美白佳人）.................................. 111
Wine Cooler（冰凍葡萄酒）............................ 154

X

X.Y.Z.. 137

Y

Yokohama（橫濱）.. 111
Yukiguni（雪國）.. 128

INDEX(英文字母順序)

A

Adonis（安東尼斯）........ 148
Alaska（阿拉斯加）........ 99
Alexander（亞歷山大）........ 30
Alexander's Sister（亞歷山大之妹）........ 100
Amer Picon Highball（苦酒滿杯）........ 142
Americano（美國人）........ 149
American Beauty（美國佳麗）........ 116
Angel's Tip（天使之吻）........ 143
Aoi Sangosyo（藍色珊瑚礁）........ 100
Apricot Cooler（杏果冰酒）........ 143
Around the World（環遊世界）........ 101

B

B & B 117
Bacardi（巴卡迪）........ 130
Balalaika（俄羅斯吉他）........ 122
Bamboo（曼波）........ 58
Barbara（芭芭拉）........ 123
Bellini（貝里尼）........ 62
Between the Sheets（床第之間）........ 117
Bloody Mary（血腥瑪麗）........ 38
Black Russian（黑色俄羅斯）........ 123
Black Velvet（黑絲絨）........ 66
Blue Hawaii（藍色夏威夷）........ 131
Boston Cooler（波士頓冰酒）........ 131
Brandy Egg Nogg（白蘭地蛋酒）........ 118
Bronx（布朗克斯）........ 101
Bull Shot（公牛）........ 124

C

Campari & Orange（金巴利柳橙）........ 144
Campari & Soda（金巴利蘇打）........ 144
Champagne Cocktail（香檳雞尾酒）........ 149
Cherry Blossom（櫻花）........ 145
Chi-Chi（奇奇）........ 124
Cinderella（灰姑娘）........ 158
Claret Punch（紅酒賓治）........ 150
Copenhagen（哥本哈根）........ 141
Cuba Libre（自由古巴）........ 40

D

Daiquiri（黛克瑞雞尾酒）........ 44
Dog's Nose（狗鼻）........ 156
Dubonnet Cocktail（多寶力雞尾酒）........ 150

E

Earthquake（地震）........ 102
Emerald（紅寶石）........ 102

F

Florida（佛羅里達）........ 158
French Connection（法蘭西集團）........ 118
French 75（法式75釐米砲）........ 103
Fuzzy Navel（禁果）........ 54

G

Gibson（吉普森）........ 103
Gimlet（螺絲鑽）........ 12
Gin Buck（琴巴克）........ 104
Gin Fizz（琴費斯）........ 16
Gin & It（琴苦艾）........ 104
Gin Rickey（琴利奇）........ 105
Gin & Tonic（琴湯尼）........ 105
God-Father（教父）........ 112
Golden Cadillac（金色凱迪拉克）........ 145
Grasshopper（綠色蚱蜢）........ 50
Green Eyes（綠眼）........ 132
Greyhound（灰狗）........ 125

H

Harvard Cooler（哈佛冰酒）........ 119
Harvey Wallbanger（撞牆哈威）........ 125
Horse's Neck（馬頸）........ 32
Hot Buttered Rum（熱奶油蘭姆）........ 132
Hot Buttered Rum Cow（熱牛奶蘭姆）........ 133

I

Irish Coffee（愛爾蘭咖啡）........ 113

J

Jack Rose（傑克玫瑰）........ 119
John Collins（約翰可林斯）........ 113

K

Kami-Kaze（神風特攻隊）........ 126
Kir（基爾）........ 60
Kir Imperial（帝國基爾）........ 151
Kir Royal（皇家基爾）........ 151
Kiss of Fire（火之吻）........ 126
Klondike Highball（克侖代克高球）........ 152

MATERIALS INDEX

Cinderella(灰姑娘) 158
Florida (佛羅里達) 158
Fuzzy Navel(禁果) 54
Harvey Wallbanger(撞牆哈威) 125
Mai-Tai(邁泰) 133
Mimosa(含羞草) 64
Olympic(奧林匹克) 120
Orange Blossom(橙花) 107
Paradise(天堂樂園) 108
Pussyfoot(貓步) 159
Scorpion(天蠍座) 136
Screwdriver(螺絲起子) 34
Tequila Sunrise(龍舌蘭日出) 48
Valencia(瓦倫西亞) 147
Wine Cooler(冰凍葡萄酒) 154
Yokohama(橫濱) 111

鳳梨汁

Around the World(環遊世界) 101
Blue Hawaii (藍色夏威夷) 131
Chi-Chi(奇奇) 124
Cinderella(灰姑娘) 158
Green Eyes(綠眼) 132
Mai-Tai(邁泰) 133
Matador(鬥牛士) 138
Million Dollar(百萬美元) 106
Piña Colada(鳳梨山頂) 42

蘇打水

Apricot Cooler(杏果冰酒) 143
Americano(美國人) 149
Amer Picon Highball(苦酒滿杯) 142
Boston Cooler (波士頓冰酒) 131
Campari & Soda(金巴利蘇打) 144
Claret Punch(紅酒賓治) 150
Gin Fizz(琴費斯) 16
Gin Rickey(琴利奇) 105
Harvard Cooler(哈佛冰酒) 119
John Collins(約翰可林斯) 113
Mint julep(薄荷威士忌) 24
Singapore Sling(新加坡司令) 14
Spritzer(斯伯利特) 153
Tom Collins(湯姆可林斯) 110
Vermouth & Casis (苦艾黑醋栗) 154

砂糖

Boston Cooler (波士頓冰酒) 131
Brandy Egg Nogg (白蘭地蛋酒) 118
Champagne Cocktail(香檳雞尾酒) 149
Daiquiri(黛克瑞雞尾酒) 44
Florida (佛羅里達) 158
French 75(法式75釐米砲) 103
Gin Fizz(琴費斯) 16
Harvard Cooler(哈佛冰酒) 119
Hot Buttered Rum(熱奶油蘭姆) 132
Hot Buttered Rum Cow (熱牛奶蘭姆) 133
Irish Coffe(愛爾蘭咖啡) 113
Kiss of Fire(火之吻) 126
Klondike Highball(克侖代克高球) 152
Mint Julep(薄荷威士忌) 24
Mojito(莫吉托) 134
Nevada(內華達) 135
New York(紐約) 114
Nikolaschka(尼可拉斯加) 120
Old-Fashioned(老式威士忌) 22
Sherry Flip(雪莉蛋酒) 152
Whisky Sour(威士忌沙瓦) 115
Whisky Toddy(威士忌托迪) 115
John Collins(約翰可林斯) 113
Planter's Punch (農工賓治) 135
Yukiguni(雪國) 128

鮮奶油

Alexander(亞歷山大) 30
Alexander's Sister(亞歷山大之妹) 100
Angel's Tip(天使之吻) 143
Barbara(芭芭拉) 123
Golden Cadillac(金色凱迪拉克) 145
Grasshopper(綠色蚱蜢) 50
Irish Coffee(愛爾蘭咖啡) 113
White Russian(白色俄羅斯) 128

藥草苦酒

Champagne Cocktail(香檳雞尾酒) 149
Florida (佛羅里達) 158
Manhattan(曼哈頓) 20
Nevada(內華達) 135
Old-Fashioned(老式威士忌) 22
Pink Lady(紅粉佳人) 109

咖啡

Irish Coffee(愛爾蘭咖啡) 113

紅石榴糖漿

Amer Picon Highball(苦酒滿杯) 142
American Beauty(美國佳麗) 116
Apricot Cooler(杏果冰酒) 143
Bacardi(巴卡迪) 130
Bellini (貝里尼) 62
Cherry Blossom(櫻花) 145
Jack Rose(傑克玫瑰) 119
Million Dollar(百萬美元) 106
New York(紐約) 114
Pink Lady(紅粉佳人) 109
Pussyfoot(貓步) 159
Royal Clover Club(皇家富豪俱樂部) 110
Shanghai(上海) 137
Shirley Temple(雪莉坦布爾) 159
Tequila Sunrise(龍舌蘭日出) 48
Tequila Sunset(龍舌蘭日落) 140
Wine Cooler(冰凍葡萄酒) 154
Yokohama(橫濱) 111

糖漿

Claret Punch(紅酒賓治) 150
Long Island Iced Tea(長島冰茶) 18
Tom Collins(湯姆可林斯) 110

檸檬

Americano(美國人) 149
Aoi Sangosyo(藍色珊瑚礁) 100
Champagne Cocktail(香檳雞尾酒) 149
Dubonnet Cocktail(多寶力雞尾酒) 150
Emerald(紅寶石) 102
Horse's Neck (馬頸) 32
Old-Fashioned(老式威士忌) 22
Planter's Punch (農工賓治) 135
Shirley Temple(雪莉坦布爾) 159

雞蛋

Brandy Egg Nogg (白蘭地蛋酒) 118
Million Dollar(百萬美元) 106
Pink Lady(紅粉佳人) 109
Pussyfoot(貓步) 159
Royal Clover Club(皇家富豪俱樂部) 110
Sherry Flip(雪莉蛋酒) 152

MATERIALS INDEX

椰奶

Chi-Chi(奇奇) 124
Green Eyes(綠眼) 132
Piña Colada(鳳梨園) 42

杏仁香甜酒

French Connection(法蘭西集團) 118
God-Father(教父) 112

美國蘋果白蘭地(Applejack)

Jack Rose(傑克玫瑰) 119

茴香酒

Shanghai(上海) 137

蘋果白蘭地

Harvard Cooler(哈佛冰酒) 119
Dubonnet Cocktail(多寶力雞尾酒) 150

藍橙皮酒

Blue Hawaii (藍色夏威夷) 131

*Dranbuy

Rusty Nail(銹釘) 114

肉荳蔻

Brandy Egg Nogg (白蘭地蛋酒) 118

檸檬汁

Apricot Cooler(杏果冰酒) 143
Balalaika(俄羅斯吉他) 122
Between the Sheets(床第之間) 117
Bloody Mary (血腥瑪麗) 38
Blue Hawaii (藍色夏威夷) 131
Boston Cooler (波士頓冰酒) 131
Cherry Blossom(櫻花) 145
Cinderella(灰姑娘) 158
Claret Punch(紅酒賓治) 150
Florida (佛羅里達) 158
French 75(法式75釐米砲) 103
Gin Buck(琴巴克) 104
Gin Fizz(琴費斯) 16
Harvard Cooler(哈佛冰酒) 119
John Collins(約翰可林斯) 113
Kiss of Fire(火之吻) 126
Klondike Highball(克侖代克高球) 152
Long Island Iced Tea(長島冰茶) 18
Maimi(邁阿密) 134
Mai-Tai(邁泰) 133
Pink Lady(紅粉佳人) 109
Pussyfoot(貓步) 159
Royal Clover Club(皇家富豪俱樂部) 110
Scorpion(天蠍座) 136
Shanghai(上海) 137
Singapore Sling(新加坡司令) 14
Side-Car(加掛機車) 26
Sloe Tequila(野梅龍舌蘭) 139
Tequila Sunset(龍舌蘭日落) 140
Tom Collins(湯姆可林斯) 110
Whisky Sour(威士忌沙瓦) 115
White Lady(美白佳人) 111
X.Y.Z 137

葡萄柚汁

Greyhound(灰狗) 125
Nevada(內華達) 135
Salty Dog(鹹狗) 36
Spumoni(斯普莫尼) 52

水

Mint Julep(薄荷威士忌) 24
Whisky Toddy(威士忌托迪) 115

熱水

Hot Buttered Rum(熱奶油蘭姆) 132

鹽

Margarita(瑪格麗特) 46
Salty Dog(鹹狗伏特加) 36

蕃茄汁

Bloody Mary (血腥瑪麗) 38
Red Eye(紅眼) 68

牛奶

Brandy Egg Nogg (白蘭地蛋酒) 118
Hot Buttered Rum Cow (熱牛奶蘭姆) 133

牛肉汁

Bull Shot(公牛) 124

桃子酒

Bellini (貝里尼) 62

奶油

Hot Buttered Rum(熱奶油蘭姆) 132
Hot Buttered Rum Cow (熱牛奶蘭姆) 133

薄荷葉

Mint Julep(薄荷威士忌) 24
Mojito(莫吉托) 134

檸檬水

Shirley Temple(雪莉坦布爾) 159
Snowball(雪球) 146

薑汁汽水

Boston Cooler (波士頓冰酒) 131
Gin Buck(琴巴克) 104
Horse's Neck (馬頸) 32
Klondike Highball(克侖代克高球) 152
Shandy Gaff(香堤) 156
Shirley Temple(雪莉坦布爾) 159

通寧水

Gin & Tonic(琴湯尼) 105
Spumoni(斯普莫尼) 52

可樂

Cuba Libre(自由古巴) 40
Long Island Iced Tea(長島冰茶) 18

萊姆汁

Bacardi(巴卡迪) 130
Copenhagen(哥本哈根) 141
Cuba Libre(自由古巴) 40
Daiquiri(黛克瑞雞尾酒) 44
Gin Rickey(琴利奇) 105
Gimlet(螺絲鑽) 12
Green Eyes(綠眼) 132
Jack Rose(傑克玫瑰) 119
Kami-Kaze(神風特攻隊) 126
Nevada(內華達) 135
New York(紐約) 114
Margarita(瑪格麗特) 46
Matador(鬥牛士) 138
Mojito(莫吉托) 134
Moscow Mule(莫斯科騾子) 127
Quarter Deck(後甲板) 136
Red Viking(紅海盜) 141
Royal Clover Club(皇家富豪俱樂部) 110
Scorpion(天蠍座) 136
Snowball(雪球) 146
Yukiguni(雪國) 128

柳橙汁

American Beauty(美國佳麗) 116
Bronx (布朗克斯) 101
Campari & Orange(金巴利柳橙) 144

MATERIALS INDEX

French 75(法式75釐米砲) 103
Mimosa(含羞草) 64

啤酒

Black Velvet(黑絲絨) 66
Dog's Nose(狗鼻) 156
Red Eye(紅眼) 68
Shandy Gaff(香堤) 156

苦艾酒

Adonis(安東尼斯) 148
Americano(美國人) 149
American Beauty(美國佳麗) 116
Bamboo(曼波) 58
Bronx (布朗克斯) 101
Emerald(紅寶石) 102
Gibson(吉普森) 103
Kiss of Fire(火之吻) 126
Klondike Highball(克侖代克高球) 152
Knock-out(擊倒) 106
Manhattan(曼哈頓) 20
Martini(馬丁尼) 10
Million Dollar(百萬美元) 106
Parisian(巴黎人) 108
Vermouth & Casis(苦艾黑醋栗) 154

櫻桃白蘭地

Singapore Sling(新加坡司令) 14
Cherry Blossom(櫻花) 145

加里安諾酒

Golden Cadilac(金色凱迪拉克) 145
Harvey Wallbanger(撞牆哈威) 125

金巴利酒

Americano(美國人) 149
Campari & Orange(金巴利柳橙) 144
Campari & Soda(金巴利蘇打) 144
Spumoni(斯普莫尼) 52
Negroni(雷格尼) 107

貝魯諾酒(Pernod)

Earthquake(地震) 102
Knock-out(擊倒) 106
Yokohama(橫濱) 111

黑櫻桃甜酒

Rainbow(彩虹) 56
Red Viking(紅海盜) 141

班尼狄克汀

B & B 117
Rainbow(彩虹) 56

蛋黃香甜酒

Snowball(雪球) 146

沙特勒茲酒

Alaska(阿拉斯加) 99
Emerald(紅寶石) 102
Rainbow(彩虹) 56

薄荷香甜酒

Alexander's Sister(亞歷山大之妹) 100
American Beauty(美國佳麗) 116
Aoi Sangosyo(藍色珊瑚礁) 100
Around the World(環遊世界) 101
Grasshopper(綠色蚱蜢) 50
Knock-out(擊倒) 106
Maimi(邁阿密) 134
Mint Frappé(薄荷碎冰酒) 146
Stinger(譏諷者) 28
Mockingbird(模仿鳥) 139

可可香甜酒

Alexander(亞歷山大) 30
Angel's Tip(天使之吻) 143
Barbara(芭芭拉) 123
Grasshopper(綠色蚱蜢) 50
Golden Cadilac(金色凱迪拉克) 145
Rainbow(彩虹) 56
Russian(俄羅斯) 127

黑醋栗甜香酒

Kir(基爾) 60
Kir Royal(皇家基爾) 151
Parisian(巴黎戀人) 108
Vermouth & Casis(苦艾黑醋栗) 154

哈蜜瓜香甜酒

Green Eyes(綠眼) 132

桃子香甜酒

Fuzzy Navel(禁果) 54

咖啡香甜酒

Black Russian (黑色俄羅斯) 123
White Russian(白色俄羅斯) 128

紫羅蘭香甜酒

White Russian(白色俄羅斯) 128

橘皮香甜酒

Copenhagen(哥本哈根) 141

橙皮苦酒

Adonis(安東尼斯) 148
Bamboo(曼波) 58
Emerald(紅寶石) 102
Valencia(瓦倫西亞) 146

杏酒

Apricot Cooler(杏果冰酒) 143
Paradise(天堂樂園) 108
Valencia(瓦倫西亞) 146

Amer Picon

Amer Picon Highball(苦酒滿杯) 142

無色橙皮酒

Balalaika(俄羅斯吉他) 122
Between the Sheets(床第之間) 117
Kami-Kaze(神風特攻隊) 126
Planter's Punch (農工賓治) 135
Yukiguni(雪國) 128
X.Y.Z 137
Long Island Iced Tea(長島冰茶) 18

君度橙皮酒(Cointreau)

Margarita(瑪格麗特) 46
Side-Car(加掛機車) 26
White Lady(美白佳人) 111

柳橙

New York(紐約) 114
Old-Fashioned(老式威士忌) 22
Scorpion(天蠍座) 136

波爾多紅酒

Claret Punch(紅酒賓治) 150

橙色橙皮酒

Cherry Blossom(櫻花) 145
Claret Punch(紅酒賓治) 150
Mai-Tai(邁泰) 133
Olympic(奧林匹克) 120
Wine Cooler(冰凍葡萄酒) 154

野莓琴香甜酒

Kiss of Fire(火之吻) 126
Sloe Tequila(野梅龍舌蘭) 139

材料索引
MATERIALS INDEX

琴酒

Alaska(阿拉斯加) 99
Alexander's Sister(亞歷山大之妹) 100
Aoi Sangosyo(藍色珊瑚礁) 100
Around the World(環遊世界) 101
Bronx (布朗克斯) 101
Dog's Nose(狗鼻) 156
Dubonnet Cocktail(多寶力雞尾酒) 150
Earthquake(地震) 102
Emerald(紅寶石) 102
French 75(法式75釐米砲) 103
Gibson(吉普森) 103
Gimlet(螺絲鑽) 12
Gin Buck(琴巴克) 104
Gin Fizz(琴費斯) 16
Gin & It(琴苦艾) 104
Gin Rickey(琴利奇) 105
Gin & Tonic(琴湯尼) 105
Knock-out(擊倒) 106
Long Island Iced Tea(長島冰茶) 18
Martini(馬丁尼) 10
Million Dollar(百萬美元) 106
Negroni(雷格尼) 107
Orange Blossom(橙花) 107
Paradise(天堂樂園) 108
Parisian(巴黎戀人) 108
Pink Gin(粉紅琴酒) 109
Pink Lady(紅粉佳人) 109
Royal Clover Club(皇家富豪俱樂部) 110
Russian(俄羅斯) 127
Singapore Sling(新加坡司令) 14
Tom Collins(湯姆可林斯) 110
White Lady(美白佳人) 111
Yokohama(橫濱) 111

威士忌

Earthquake(地震) 102
God-Father(教父) 112
Irish Coffee(愛爾蘭咖啡) 113
John Collins(約翰可林斯) 113
Manhattan(曼哈頓) 20
Mint Julep(薄荷威士忌) 24
New York(紐約) 114
Old-Fashioned(老式威士忌) 22
Rusty Nail(銹釘) 114
Whisky Sour(威士忌沙瓦) 115
Whisky Toddy(威士忌托地) 115

白蘭地

Alexander(亞歷山大) 30
American Beauty(美國佳麗) 116
B & B 117
Between the Sheets(床第之間) 117
Brandy Egg Nogg(白蘭地蛋酒) 118
Cherry Blossom(櫻花) 145
French Connection (法蘭西集團) 118
Horse's Neck (馬頸) 32
Nikolaschka(尼可拉斯加) 120
Olympic(奧林匹克) 120
Rainbow(彩虹) 56
Scorpion(天蠍座) 136
Side-Car(加掛機車) 26
Stinger(譏諷者) 28

伏特加

Barbara(芭芭拉) 123
Balalaika(俄羅斯吉他) 122
Bloody Mary (血腥瑪麗) 38
Black Russian (黑色俄羅斯) 123
Bull Shot(公牛) 124
Chi-Chi(奇奇) 124
Kami-Kaze(神風特攻隊) 126
Kiss of Fire(火之吻) 126
Greyhound(灰狗) 125
Harvey Wallbanger(撞牆哈威) 125
Long Island Iced Tea(長島冰茶) 18
Moscow Mule(莫斯科騾子) 127
Russian(俄羅斯) 127
Salty Dog(鹹狗) 36
Screwdriver(螺絲起子) 34
White Russian(白色俄羅斯) 128
Yokohama(橫濱) 111
Yukiguni(雪國) 128

蘭姆酒

Bacardi(巴卡迪) 130
Between the Sheets(床第之間) 117
Boston Cooler (波士頓冰酒) 131
Brandy Egg Nogg (白蘭地蛋酒) 118
Cuba Libre(自由古巴) 40
Daiquiri(黛克瑞雞尾酒) 44
Green Eyes(綠眼) 132
Hot Buttered Rum(熱奶油蘭姆) 132
Hot Buttered Rum Cow (熱牛奶蘭姆) 133
Long Island Iced Tea(長島冰茶) 18
Maimi(邁阿密) 134
Mai-Tai(邁泰) 133
Nevada(內華達) 135
Piña Colada(鳳梨園) 42
Planter's Punch(農工賓治) 135
Quarter Deck(後甲板) 136
Scorpion(天蠍座) 136
Shanghai(上海) 137
X.Y.Z 137
Mojito(莫吉托) 134

龍舌蘭

Sloe Tequila(野梅龍舌蘭) 139
Tequila Sumrise(龍舌蘭日出) 48
Tequila Sunset(龍舌蘭日落) 140
Long Island Iced Tea(長島冰茶) 18
Matador(鬥牛士) 138
Margarita(瑪格麗特) 46
Mockingbird(模仿鳥) 139

洋芋蒸餾酒

Copenhagen(哥本哈根) 141
Red Viking(紅海盜) 141

葡萄酒

American Beauty(美國佳麗) 116
Bellini (貝里尼) 62
Kir(基爾) 60
Spritzer(斯伯利特) 153
Wine Cooler(冰凍葡萄酒) 154

雪莉酒

Adonis(安東尼斯) 148
Bamboo(曼波) 58
Quarter Deck(後甲板) 136
Sherry Flip(雪莉香酒) 152

香檳

Black Velvet(黑絲絨) 66
Kir Imperial(帝國基爾) 151
Kir Royal(皇家基爾) 151
Champagne Cocktail(香檳雞尾酒) 149

中文譯本監修者介紹 李勝裕
現任 臺灣省調酒協會理事長
國際餐飲經營管理協會(IFSEA)臺灣分會副會長
中華民國國際調酒協會副會長
曼哈頓餐飲事業機構負責人
法國酒窖葡萄酒連鎖事業負責人
經歷 中華民國金爵獎調酒比賽96~97年評審
全國大專杯調酒比賽評審
曼哈頓餐飲學校班主任
美國鮑伯．強森飲務經理課程結業(Bob Johnson CBM)

飲食誘惑3 雞尾酒事典

發行者 吳明娟 1997年12月10日 初版 1 刷
譯者 周孟如
監修 李勝裕
企劃執行 吳美靜
法律顧問 蕭雄淋
電子分色 劉永國
電腦組頁 王正君
發行所 驊優出版有限公司
地址 台南縣佳里鎮海澄里番子寮41-62號
電話 (06)2024467・2099029
傳真 (06)7230372・2024891 行動電話090807896
印刷所 太谷文化事業股份有限公司／(07)5813177
經銷商 藝術村書店國際股份有限公司／(02)2477292
郵撥戶名／帳號 驊優出版有限公司／31301091
行政院新聞局局版臺省業字第176號
COCKTAIL NO JITEN
©YOSHIAKI SAWAI 1996
Originally published in Japan in 1996 by SEIBIDO SHUPPAN Co.,LTD..
Chinese translation rights arranged through TOHAN CORPATION, TOKYO.

定價360元
■版權所有・翻印必究■
ISBN 957-98748-6-7